蔬菜产业·农民培训精品教材

蔬菜病虫害
诊断与防治 原色生态图谱

杨再发　周运贵　师永东　主编

》图文并茂　》一看就懂　》一学就会　》非常实用

U0271901

中国农业科学技术出版社

图书在版编目（CIP）数据

蔬菜病虫害诊断与防治原色生态图谱／杨再发，周运贵，师永东主编. —北京：中国农业科学技术出版社，2017.7

ISBN 978-7-5116-3154-1

Ⅰ.①蔬… Ⅱ.①杨…②周…③师…… Ⅲ.①蔬菜–病虫害防治–图谱 Ⅳ.①S436.3-64

中国版本图书馆 CIP 数据核字（2017）第 150615 号

责任编辑　褚　怡　崔改泵
责任校对　马广洋

出 版 者　中国农业科学技术出版社
　　　　　北京市中关村南大街 12 号　邮编：100081
电　　话　(010)82109194(编辑室)　(010)82109702(发行部)
　　　　　(010)82109709(读者服务部)
传　　真　(010)82106650
网　　址　http://www.castp.cn
经 销 者　各地新华书店
印 刷 者　北京富泰印刷有限责任公司
开　　本　880 mm×1 230 mm　1/32
印　　张　7.125
字　　数　191 千字
版　　次　2017 年 7 月第 1 版　2017 年 7 月第 1 次印刷
定　　价　59.80 元

《蔬菜病虫害诊断与防治原色生态图谱》
编 委 会

前　言

　　蔬菜是人们一日三餐中不可或缺的食品，由于蔬菜中含有多种人体所必需的维生素和矿物质等营养成分，因此，生活中离不开它。我国蔬菜总产量居世界首位，但每年因病虫害造成的损失巨大。因此，病虫害诊断与防治一直是科技人员与菜农关注的焦点。

　　本书通过大量的田间原色图片，结合翔实的文字，介绍了黄瓜、丝瓜、苦瓜、南瓜、冬瓜、辣（甜）椒、茄子、番茄、菜豆、扁豆、大白菜、甘蓝、花椰菜、萝卜、芹菜、菠菜、生菜、葱等蔬菜的病虫害诊断与防治技术。所有的图片清晰自然，色彩为田间生态原色，便于读者得出正确的诊断结果。在防治方法中介绍了最新科研成果、防治经验、新方法和新药剂，以确保防效。

　　本书内容采用文字与彩色的病虫害原色图片相结合，图文并茂，使读者一看就懂，一学就会。本书可作为新型职业农民培训、扶贫产业技能培训的教材，也可作为蔬菜种植人员、农技推广人员、科技示范户、农药经营者、农业院校师生学习与参考的资料。

　　因编者水平有限，书中如有疏漏之处，敬请广大读者批评指正。

编　者

目　录

第一部分　蔬菜的病害

第二部分　蔬菜的虫害

第一部分　蔬菜的病害

一、黄瓜病害

（一）黄瓜霜霉病

黄瓜霜霉病是保护地黄瓜栽培中发生最普遍、为害最严重的病害。该病传播快，如不及时防治，可给黄瓜生产造成毁灭性的损失。

发病初期

【**典型症状**】苗期和成株期均可发病。主要为害功能叶、卷须、蔓和花梗，老叶发病重。发病初期，病叶上出现水浸状小斑点，后不断扩大，因受叶脉限制而形成多角形病斑，病斑黄褐色。潮湿时背面长出紫黑色霉。后期病斑破裂或连片，引起叶缘卷缩干枯，仅留心叶。感病品种病斑大，易连接成大块黄斑，之后迅速干枯；抗病品种病斑小，褪绿斑持续时间长，在叶面形成圆形或多角形黄褐色斑，扩展速度慢，病斑背面霉稀疏或很少。

典型症状

发病后期

【防治措施】

（1）种子消毒。播种前，用 50~55℃ 的温水浸种 10~15 分钟，捞出放入冷水中冷却后播种。

严重发病

（2）农业防治。选用抗病品种是最经济有效的防治措施。采用无菌沙土或沙壤土育苗，培育无病壮苗。与南瓜进行嫁接换根栽培，增强抗病性。苗期发现病株，要立即拔除。合理增施有机肥和磷、钾肥，并采取叶面追肥，定期喷施用 0.1% 尿素和 0.3% 磷酸二氢钾的混合水溶液。采用地膜覆盖栽培。苗期应尽量少浇水，以降低保护地内空气的湿度。采用膜下沟灌，以降低棚内空气湿度。选用透光率高、无滴效果好的塑料膜。结瓜后及时打去底部老叶，增加田间通透性。保护地栽培，在采摘期要尽量少施药，采取控制温度和湿度来防止病害的发生和蔓延。棚内局部发病重，但瓜秧较健壮，可以在晴天上午浇水后将棚室封严，迅速使黄瓜生长点部位的温度升高到 42~45℃，2 小时后多点通风。

（3）药剂防治。苗期和生长前期，当发现中心病株时要及时喷药防治，药剂可选用 687.5 克/升的氟菌·霜霉威悬浮剂 600 倍液，或用 70% 丙森锌·烯酰吗啉可湿性粉剂 500 倍

叶背症状

液，或用 80% 代森锰锌可湿性粉剂 200 倍液，或用 50% 烯酰吗啉可湿性粉剂 1 000~1 300 倍液，或用 47% 烯酰·唑嘧菌悬浮剂 700~1 000 倍液。保护地栽培的，也可以每 667 平方米用 45% 百菌清烟剂 250 克，分别均匀放在垄沟内，然后将棚密闭，点燃烟熏。防治可用：75% 肟菌酯·霜脲氰水分散粒剂 3 000~4 000 倍液，40% 氰霜唑·霜脲氰可湿性粉剂稀释 2 000~3 000 倍液，100 克/升氰霜唑悬浮剂 900~1 125 倍液，660 克/升百菌清·氟嘧菌酯悬浮剂 450~600 倍液，48% 烯酰吗啉·吡唑醚菌酯水分散粒剂 1 500~1 700 倍液，38% 吡唑醚菌酯·氰霜唑悬浮剂 1 000~1 500 倍液，10% 氟噻唑吡乙酮可分散油悬浮剂 3 000~4 500 倍液，1.5% 丁子香酚·苯丙烯菌醛水乳剂 600~500 倍液。

（二）黄瓜白粉病

黄瓜白粉病又称白霉病、白毛，是保护地黄瓜的一种重要病害。常在黄瓜生长中、后期发生，造成黄瓜严重减产，甚至提前拉秧。

【典型症状】 多从下部叶片开始发病，叶面或叶背出现白色小粉点，后扩大为粉状圆形斑。条件适宜时，白色粉状斑点继续扩展，连接成片，成为边缘不明显的大片白粉区，直至布满整个叶片，看上去像长了一层白毛，所以俗称白毛病。之后叶片逐渐变黄、发脆，白毛由白色转变为灰白色，最后叶片失去光合作用功能。叶柄和茎受害，症状与叶片基本相似。

发病初期叶面长出白色小粉点

叶片上布满白色粉状物

【防治措施】

（1）农业防治。挑选健壮的幼苗定植。定植后，要尽量少浇水，以防止幼苗徒长。不要偏施氮肥，要注意增施磷、钾

病叶上长出白色粉状圆斑

叶面病斑放大

肥。切忌大水漫灌，可以采用膜下软管滴灌、管道暗浇、渗灌等灌溉技术。结瓜期，可加大肥水的用量，适时喷施叶面微肥，以防植株早衰。保护地内要注意通风、透光，降低湿度，遇有少量病株或病叶时，要及时摘除。

（2）药剂防治。发病初期及时喷药，药剂可选用40%腈菌唑可湿性粉剂4 000~5 000倍液，或用25%乙嘧酚磺酸酯微乳剂500~650 倍液，或用430 克/升的戊唑醇悬浮剂2 500倍

发病后期叶片逐渐变黄、早衰

液，或用75%肟菌·戊唑醇水分散粒剂3 000~4 000倍液，或用30%氟菌唑可湿性粉剂3 500~5 000倍液，或用40%硫黄·多菌灵悬浮剂500~600 倍液，每6~7 天1 次，连续3~4 次。白粉病原易产生抗性，最好在1 个生长季节内用2~3 种作用机制的不同药剂，交替使用。36%啶酰菌胺·乙嘧酚悬浮剂1 200~2 000 倍液，250 克/升吡唑醚菌酯乳油稀释1 000~1 500倍液，42.5%吡唑醚菌酯·氟唑菌酰胺悬浮剂3 000~6 000倍液，400 克/升氟吡菌酰胺·戊唑醇悬浮剂5 000倍液，80%硫黄水分散粒剂375 倍液，450 克/升唑菌酮·霜霉威悬浮剂600~1 200倍液，325 克/升吡唑萘菌胺·嘧菌酯悬浮剂2 000~3 000倍液，5%氟唑活化酯乳油稀释2 500~5 000倍液，200 亿活芽孢/克枯草芽孢杆菌可湿性粉剂300~500 倍液。

（三）黄瓜黑斑病

黄瓜黑斑病又称疮痂病，是黄瓜的一种重要病害，各地均有发生。主要发生在夏、秋季节露地栽培的植株上，发病率高，常因病减产20%~30%，严重时可达80%~100%。

【典型症状】 主要为害叶片。发病从下部叶片开始，病斑

发病前期叶面症状

初为圆形的小斑点，污绿色，后发展为圆形病斑，中央灰白色，边缘为清晰淡黄色。叶面上病斑稍有突起，表面粗糙；叶背面的病斑水渍状，周围常有褪绿晕圈。病斑多发生在叶脉之间，湿度大时生有黑色的霉层。病斑扩大可连接成大病斑，严重时叶肉组织枯死，叶缘向上卷起，叶片焦枯，但不脱落。

叶背症状

发病后期

【防治措施】

（1）种子消毒。用55℃恒温水浸种15分钟后，立即放入冷水中冷却，捞出后播种；也可用40%多菌灵悬浮剂浸种30分钟。

（2）农业防治。轮作倒茬，施足有机肥作基肥，严防大水漫灌。保护地栽培要通风透气，排湿降温。

（3）药剂防治。发病前或发病初期，可喷洒68%精甲霜·锰锌水分散粒剂，或用68.75%氟菌·霜霉威悬浮剂1 000倍液，或用50%异菌脲可湿性粉剂1 500倍液，或用75%百菌清可湿性粉剂600倍液。保护地栽培，每亩（1 亩 ≈ 667 平方米。下同）可喷洒5%百菌清粉剂1 千克。

（四）黄瓜蔓枯病

黄瓜蔓枯病又称蔓割病、黑腐病，各地均有发病，常造成20%~30%的减产。

【典型症状】 主要为害茎蔓，也为害叶片和果实等部位。

茎蔓发病时，靠近节部呈现油渍状病斑，椭圆形或菱形，灰白色，稍凹陷，有时溢出琥珀色树脂样胶状物。干燥时病部干缩纵裂，表面散生大量小黑点，潮湿时病斑扩散较快，绕茎一圈后使上半部植株萎蔫枯死，病部腐烂。

茎蔓受害状

叶片症状

叶片被害时产生近圆形或不规则大病斑，有的病斑自叶缘向内发展呈"V"字形或半圆形，淡褐色，后期病斑易破碎，常龟裂，干枯后呈黄褐色至红褐色，病斑上密生黑色小点。蔓枯病多从蔓的表皮向内部扩展，但维管束不变色，这与枯萎病不同，病害仅造成局部烂蔓。

叶片症状

【防治措施】

（1）种子消毒。用55℃恒温水浸种15分钟，捞出放入冷水中冷却后播种。

（2）农业防治。实行2~3年轮作，最好实行水旱轮作。及时清除病株，深埋或烧毁。深耕土地，施入的有机肥要充分腐熟，浇足底水。增施磷、钾肥。采取地膜覆盖，高畦栽培，膜下浇水，这样可以降低田间湿度，同时要注意棚室的放风。

（3）药剂防治。保护地内的棚架、农具在使用前要用福尔马林20倍液熏蒸24小时。发病初期可喷洒250克/升的嘧菌酯悬浮剂450~650倍液，或用40%氟硅唑乳油8 000倍液，或用75%百菌清可湿性粉剂600倍液，或用50%硫黄·甲硫灵悬浮剂500~600倍液，隔3~4天后再喷洒1次。

（五）黄瓜疫病

疫病是黄瓜的一种重要病害。该病来势猛、蔓延快，常造成黄瓜大面积死亡，甚至毁种。

【典型症状】 苗期至成株期均可发生，主要为害茎基部。发病初期，茎基部呈暗绿色水渍状。苗期病部变软缢缩，呈丝线状，植株倒伏。成株期茎基病部稍缢缩，表皮腐烂，木质部外露，呈麻丝状。其上部叶片逐渐萎蔫，最后全株枯死。

苗期症状

成株期症状

【防治措施】

（1）种子消毒。用55℃恒温水浸种15分钟，捞出后立即放入冷水中冷却，然后捞出播种。

（2）农业防治。重病田与非瓜类作物实行4年轮作。选择地势高燥、排灌方便的地块种植黄瓜。用圆瓠瓜或黑籽南瓜做砧木，嫁接黄瓜幼苗。采取高畦栽培，加强雨季防涝排渍。苗期控制浇水，结瓜后做到见湿见干。发现中心病株，及时拔除并深埋。

黄瓜疫病发病后期

病株茎基病部稍缢缩

（3）药剂防治。保护地栽培在定植前用 25% 甲霜灵可湿性粉剂 750 倍液喷淋地面。发病初期及时喷药，药剂可用 50% 王铜·甲霜灵可湿性粉剂 600 倍液，或用 58% 甲霜·锰锌可湿性粉剂 500

倍液，或用69%烯酰·锰锌可湿性粉剂600倍液，或用70%乙铝·锰锌可湿性粉剂500倍液，或用72.2%霜霉威水剂600～700倍液，或用72%霜脲·锰锌可湿性粉剂600倍液，每7～10天1次，视病情决定施药次数。

（六）黄瓜黑星病

黑星病是黄瓜的一种毁灭性病害，严重影响黄瓜的产量和质量，重病田可减产50%以上，直至绝产。

叶片发病症状

【**典型症状**】地上各部位均可发病，以幼嫩部分如嫩叶、嫩茎、幼瓜被害最重。叶片发病，初生褪绿色小斑点，后发展为近圆形病斑，直径1～3毫米，少数可达5毫米，病斑不受叶脉限制，淡黄褐色，后期病斑呈星状开裂穿孔。病斑多时，叶片常常破碎不堪。茎蔓发病，病斑长梭形，大小不等，最长可达4厘米左右，淡黄褐色，中间开裂下陷，少数病斑开裂深度可达2～3毫米。病斑处开始有透明分泌物，随即变为琥珀色胶状物，胶状物脱落后病斑龟裂呈疮痂状。空气湿度大时，病斑长出灰黑绿色霉层。瓜条发病，病斑暗绿色，圆形至椭圆形，凹陷，一般深2～3毫米，最深可达5毫米，发病后期，病斑龟裂呈疮痂状，病斑处溢出半透明胶状物，不久变为琥珀色，以后病斑逐渐扩大，胶状物增加，空气干燥时胶状物易脱落。

叶片发病后期症状

瓜条发病症状

【防治措施】

（1）种子消毒。用55~60℃的温水浸种15分钟，然后放入冷水中，冷却后捞出播种。也可用50%多菌灵可湿性粉剂500倍液浸种20分钟后，再洗净催芽。

（2）农业防治。用无病的新土育苗，用地膜覆盖栽培。定植后至结瓜期，要控制浇水，降低棚室内的湿度。保护地栽培，尽可能采用生态防治方法，尤其要注意温度和湿度的管理。白天温度控制在28~30℃，夜间在15℃左右，相对湿度要控制在90%以下。采用放风排湿、控制灌水等措施降低棚内湿度，减少叶面结露。

（3）药剂防治。发病初期喷药防治，药剂可选用400克/升的氟硅唑乳油3 200~5 000倍液，或用250克/升嘧菌酯悬浮剂450~650倍液，或用50%多菌灵可湿性粉剂600倍液，或用80%代森锰锌可湿性粉剂600倍液，每7~10天1次，连续2~3次。保护地栽培，在定植前10天，可用硫黄粉加锯末混合后，分放数处，点燃后密闭棚室熏一夜。发病初期，每亩喷施撒10%多百粉剂或用5%防黑星粉剂1 000克，或用点燃45%百菌清烟剂200克，或用20%腈菌·福美双可湿性粉剂450~900倍液。

（七）黄瓜猝倒病

发病初期茎基部呈水渍状

　　猝倒病是黄瓜苗期主要病害，保护地育苗期最为常见，发病严重时可造成烂种、烂芽及幼苗猝倒。

　　【**典型症状**】种子萌芽后至幼苗未出土前受害，可造成烂种、烂芽。出土幼苗茎基部查害后，出现水渍状黄色病斑，后为黄褐色，缢缩呈线状，倒伏。

发病幼苗

　　幼苗一拔即断，病害发展很快，子叶尚未凋萎，幼苗即突然猝倒死亡。湿度大时在病部及其周围的土面长出一层白色棉絮状物。瓜条受害后，瓜面出现水渍状大斑，严重时瓜腐烂，表面长出一层白色絮状物，称绵腐病。

　　【**防治措施**】

　　（1）农业防治。选择地势高、地下水位低、排水良好的地块做苗床。播种前，苗床要灌足底水，出苗后尽量不浇水。必须浇水时一定要选择晴天进行。注意及时插架引蔓，使瓜条不要着地坐果，以减轻发病。

　　（2）药剂防治。幼苗发病初期，及时苗床浇灌 72.2% 霜霉威水剂 400 倍液，或用 64% 噁霜·锰锌可湿性粉剂 500 倍液，或用70%敌克松可湿性粉剂800倍液，或用25%甲霜灵可湿性粉剂600~800倍液，或用58%甲霜·锰锌可湿性粉剂600倍液，每7~10天1次，连续2~3次。3亿CFU/克哈茨木霉菌可湿性粉剂4~6克制剂/平方米，进行灌根处理。

（八）黄瓜立枯病

【典型症状】多在床温较高或育苗后期发生，主要发生在幼苗茎基部。发病初期，茎基部出现暗褐色病斑，近椭圆形，边缘明显，当病斑绕茎一周时，茎基部萎缩干枯，不倒伏。根部发病，多在根颈处出现褐色或腐烂症状。病苗白天萎蔫，夜间恢复，经数日反复后，病株萎蔫枯死。

幼苗发病

【防治措施】

（1）农业防治。用新土育苗。注意提高地温，适时放风，增强光照，避免苗床高温高湿出现。喷洒0.1%的磷酸二氢钾溶液，以提高抗病力。

（2）药剂防治。苗床每平方米可用50%多菌灵可湿性粉剂8克，加营养土10千克，拌匀成药土，进行育苗。

播前1次浇透底水，待水渗下后，取1/3药土撒在畦面上，把催好芽的种子播上，再把余下的 2/3 药土覆盖在上面，即下垫上覆使种子夹在药土中间。定植后发病，及时灌药防治，选用 20% 的甲基立枯磷 1 200 倍液或 5% 井冈霉素水剂 1 500 倍液，或用 50% 异菌脲可湿性粉剂 1 000~1 500 倍液。交替使用，隔 7 天灌药 1 次，连灌 3~4 次。

（九）黄瓜枯萎病

黄瓜枯萎病又称黄瓜萎蔫病、黄瓜死秧病，是黄瓜的一种重要病害。

病株萎蔫

病株茎基部症状

【**典型症状**】 该病有潜伏浸染的现象，在苗期，病原即可侵染幼苗，但到成株期开花结瓜后，植株才表现出症状。黄瓜从幼苗期到成株期均可发病，结瓜期为发病盛期。幼苗发病，子叶先变黄，茎基部或茎部变褐缢缩或呈立枯状。成株期发病初期，叶片逐渐发黄，随后叶片由下向上凋萎，似缺水症状，中午凋萎，早晚恢复正常，3~5 天后，全株凋萎。病株的主根或侧根呈褐色腐烂，极易拔断，或瓜蔓基部近地面 3~4 节处开裂流胶，开始出现黄褐色条斑，在高湿环境下，病部常产生白色或粉红色霉状物，在已枯死病株茎上则更为明显，且不限于基部，可达中部，有时病部可溢出少许琥珀色胶质物。纵剖茎基部，维管束呈黄褐色至深褐色。

病茎症状

病茎开裂流胶

空气相对湿度高，发病快。降水多，空气湿度大，发病多，且雨水利于病原传播。土壤、肥粪、种子带菌是发病的重要条件。

【防治措施】

（1）种子消毒。播种前，用55℃的温水浸种10分钟，或用50%多菌灵500倍液浸种1小时，捞出后冲净催芽。

（2）农业防治。与禾本科作物轮作，可以减少田间含菌量。在结瓜后，要适当增加浇水的次数和浇水量，但切忌大水漫灌。在夏季的中午前后不要浇水。多中耕，可以提高土壤的透气性，使植株根系茁壮，以提高抗病能力，但要注意减少伤口。利用南瓜根系发达，对黄瓜枯萎病原有较强抗性的特点，可用南瓜做砧木，黄瓜做接穗，进行嫁接换根。

（3）药剂防治。每亩用50%多菌灵可湿性粉剂4千克，与100千克细干土拌匀后，施于定植穴内。发病前或发病初期，用3%甲霜·噁霉灵水剂500~600倍液，或用50%多菌灵可湿性粉剂500倍液，或用2%嘧啶核苷类抗菌素水剂200倍液灌根，每株用量250毫升，每7~10天灌1次，连灌3次。2%春雷霉素可湿性粉剂240~320倍液，3%氨基寡糖素水剂以30毫克/千克的浓度进行灌根处理，70%敌磺钠可湿性粉剂120~240倍液。

（十）黄瓜炭疽病

炭疽病是黄瓜保护地栽培中的一种重要病害，各地均有发生，对黄瓜生产影响较大。

【典型症状】 幼苗至成株均可染病。主要为害叶片和果实，典型症状是病部呈红褐色或褐色，着生许多黑色小粒点，潮湿时病部产生粉红色黏稠状物。幼苗发病，多在子叶叶缘处出现半圆形淡褐色病斑，病斑上着生黑色小粒点或淡红色黏稠状物。成株期叶片发病，病斑初呈黄褐色圆形小点，后逐渐扩大，中央颜色变淡，边缘有黄色晕圈，后期病斑上有小黑点和橙红色胶状物。

干燥时，病斑易龟裂穿孔；潮湿时斑面生粉红色黏稠物。

子叶叶缘处出现半圆形淡褐色病斑

叶片症状

瓜条上病斑不深入果肉部分，水渍状，褐色或黑褐色，上生许多小黑点，病果后期弯曲变形和开裂。茎和叶柄上病斑长圆形，稍凹陷，初为水浸状，后逐渐变成灰白色至深褐色，病斑扩展至叶柄或茎一周，可导致整个叶片或全株死亡。

【防治措施】

（1）种子消毒。播种前，用 50～55℃ 的温水浸种 20 分钟，再进行催芽。

干燥时病斑易破裂

病株严重发病

（2）农业防治。实行 3 年以上轮作。采取地膜覆盖栽培。保护地栽培，要进行通风排湿，使棚内湿度保持在 70% 以下，减少叶面结露和吐水。采收要在露水干后进行，以减少人为传播病原，引起病情蔓延。

（3）药剂防治。发病初期及时喷药防治，药剂可选用 50%

克菌丹可湿性粉剂 200~300 倍液, 或用 60% 唑醚·代森联水分散粒剂 400~650 倍液, 或用 75% 肟菌·戊唑醇水分散粒剂 3 000~4 000倍液, 或用 50% 咪鲜胺锰盐可湿性粉剂 500~1 000 倍液, 或用 20% 硅唑·咪鲜胺水乳剂 1 000 倍液, 每 7 天 1 次, 连续 3~4 次。保护地栽培, 每亩可用 45% 百菌清烟剂 250 克熏治; 或在傍晚, 每亩喷撒 6.5% 甲霉灵超细粉剂 1 千克。50% 咪鲜胺锰盐可湿性粉剂 750~1 000倍液, 400 克/升吡唑醚菌酯·氟唑菌酰胺悬浮剂 1 800~3 600倍液, 75% 肟菌酯·戊唑醇水分散粒剂4 000~6 000倍液。

(十一) 黄瓜菌核病

菌核病在黄瓜全生育期均能发生, 是日光温室黄瓜生产中为害比较严重的病害之一。常引起黄瓜烂瓜、烂蔓, 产量损失很大。

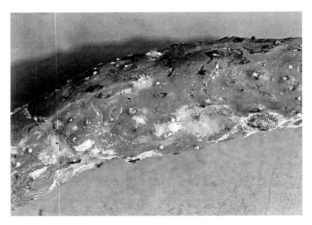

瓜条腐烂, 并长出白色菌丝

【典型症状】 主要为害果实和茎蔓。近地面的茎蔓发病时, 出现淡绿色水浸状小斑点, 后变为淡褐色病斑, 高湿条件下病茎软腐, 长出白色绵毛状菌丝。病茎髓部遭破坏腐烂中空, 或纵裂干枯。叶片发病, 初呈灰白色至灰褐色, 病斑上生有灰黑色霉状物。严重时病斑融合，叶片枯死。保护地栽培，多在进入采瓜期初见发病，仅限于个别温室和个别植株；进入盛瓜后期，病情迅速蔓延，发病程度加重，致使部分棚内黄瓜提前拉秧。

叶片发病

病斑较多时，可相互连接成片

【防治措施】

（1）种子消毒。播种前，用55℃温水浸种10分钟，冷却后播种。

（2）农业防治。与非瓜类作物实行3年以上轮作。彻底清除病残株，减少初侵染源。搞好棚内温湿度管理，注意放风排湿，改善通风透气性能。

（3）药剂防治。发病初期喷洒50%乙烯菌核利水分散粒剂1 000~1 300倍液，或用75%百菌清可湿性粉剂800倍液，或用50%多菌灵可湿性粉剂500倍液，或用50%苯菌灵可湿性粉剂1 500倍液。每7~10天1次，连续3~4次。保护地栽培，每亩每次用45%百菌清烟剂250克熏治；或喷撒5%百菌清粉剂1千克。35%苯醚·咪鲜胺水乳剂，11.7%苯醚甲环唑·氟唑菌酰胺1 000~1 500倍液，400克/升吡唑醚菌酯·氟唑菌酰胺悬浮剂1 800~3 600倍液。

（十二）黄瓜红粉病

红粉病是黄瓜的一种新病害，发病率已呈逐年上升趋势。

叶片发病

【典型症状】 多在黄瓜生育中后期发生，主要为害叶片，由下向上发生。病叶上产生圆形、椭圆形或者不规则形状的浅黄褐色病斑，病健部界限明显。病斑直径 2~50 毫米，病斑处变薄，后期容易破裂。从单株发病情况看，下部叶片病斑大，呈椭圆形或不规则形，病斑边缘呈浅黄褐色，中部灰白色，易破裂，常常两个或几个病斑连在一起；中部叶片病斑较小，病斑数量较多，病斑呈圆形或椭圆形，浅黄褐色；上部叶片病斑呈圆形，小且少。高湿时间长时，病斑部出现浅橙色霉状物。

发生严重时，可造成叶片大量枯死，引起化瓜。

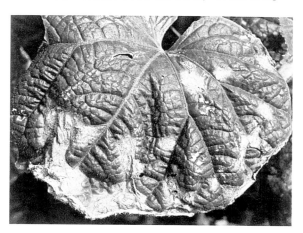

数个病斑常连在一起

【防治措施】

（1）农业防治。保护地栽培的黄瓜，可通过适当稀植，及时摘除病老叶，采取膜下沟灌，及时排湿等栽培措施，以避免病害的发生和控制病害的蔓延。

（2）药剂防治。发病初期喷洒 64% 噁霜·锰锌可湿性粉剂 500~600 倍液，或用 80% 福·福锌可湿性粉剂 800 倍液，或用 10% 苯醚甲环唑水分散粒剂 1 000~1 500 倍液，隔 5~7 天 1 次，连续 3 次。露地栽培的黄瓜，可在高温多雨季节，用 50% 多菌灵可湿性粉剂 500~600 倍液喷雾预防。

（十三）黄瓜灰色疫病

【典型症状】 主要为害黄瓜叶片、茎蔓和瓜条。叶片发病，病斑圆形，暗绿色，病叶软腐下垂。茎蔓发病后，缢缩变细，或呈暗绿色软腐，后期稍微开裂，病部生白色霉状物。瓜条发病，病斑暗绿色，圆形，水浸状，凹陷，逐渐产长密集的白色霉状物。

病叶软腐下垂

瓜条呈水浸状腐烂

【防治措施】

（1）农业防治。收获后，及时耕翻土地 15~20 厘米。高温多雨季节，要注意清沟沥水。在气温高于 32℃ 的季节，暴雨后要特别注意排出积水。

（2）药剂防治。出现中心病株后及时喷药防治，药剂可选用 72% 霜脲·锰锌可湿性粉剂 700 倍液，或用 80% 代森锰锌可湿性粉剂 800 倍液，或用 69% 烯酰·锰锌可湿性粉剂 1 000 倍液，或用 64% 噁霜·锰锌可湿性粉剂 500 倍液，或用 60% 甲霜·锰锌可湿性粉剂 500~1 500 倍液，每 7~10 天 1 次，连续 2~3 次。

病茎缢缩变细

（十四）黄瓜花腐病

花腐病多在保护地塑料大棚栽培的黄瓜上发生。

花器呈褐色腐烂状

【典型症状】 多从花蒂部开始发病，逐渐向上蔓延到幼瓜。发病初期，花器呈褐色腐烂状，幼瓜的瓜顶部分呈水浸状，其表面可见稀疏白色毛状物，毛状物中间可见黑色头点状物。空气干燥时，病瓜外部变褐色。

病瓜外部变褐

【防治措施】

（1）农业防治。选择高燥地块，施足酵素菌沤制的堆肥或有机肥，加强田间管理，增强抗病力。与非瓜类作物实行3年以上轮作。采用高畦栽培，合理密植。注意通风排湿，严禁大水漫灌。坐果后及时摘除残花病瓜，集中深埋或烧毁。

（2）药剂防治。开花至幼果期开始喷洒69%烯酰·锰锌可湿性粉剂600倍液，或用64%噁霜·锰锌可湿性粉剂400~500倍液，或用50%苯菌灵可湿性粉剂1 500倍液，或用75%百菌清可湿性粉剂600倍液，或用68%精甲霜·锰锌水分散粒剂300倍液，或用60%多菌灵可湿性粉剂800倍液。每10天1次，连续2~3次。

二、丝瓜病害

（一）丝瓜疫病

【典型症状】主要为害果实，有时茎蔓及叶片也受害。果实发病多从花蒂开始，病斑凹陷，初为水渍状暗绿色，湿度大时瓜条很快软腐，并有白色霉状物。

茎蔓发病主要在嫩茎或节间部位，初为水渍状，扩大后整段湿腐，暗褐色。叶片发病初为水渍状黄褐色斑，湿度大时着生白色霉层，干燥时呈青白色，容易破碎。

病瓜变褐软腐

【防治措施】中心病株出现后，及时喷洒72%霜脲·锰锌可湿性粉剂800~1 000倍液，或用56%氧化亚铜水分散粒剂800倍液，或用70%乙铝·锰锌可湿性粉剂500倍液，每10天1次，连续2~3次。

（二）丝瓜白粉病

白粉病是丝瓜的一种常见病害，各地均有分布。

【典型症状】主要为害叶片。发病初期叶片上产生白色的圆形小粉斑，后逐渐扩大，形状不规则，边缘不明显。发生严重时，多个病斑可相互融合，最后病叶褪绿或变淡黄。

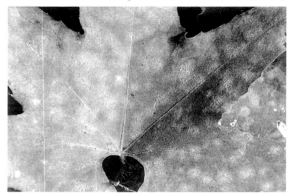

叶面症状

叶背症状

【防治措施】

（1）农业防治。选用抗病品种，如夏棠1号、天河夏丝瓜。

（2）药剂防治。发病初期喷洒20%三唑酮乳油2 000倍液，或用6%氯苯嘧啶醇可湿性粉剂1 000~1 500倍液，或用12.5%烯唑醇可湿性粉剂2 500倍液，或用15%三唑醇可湿性粉剂2 000倍液，或用40%氟硅唑乳油8 000倍液。

（三）丝瓜霜霉病

霜霉病是丝瓜的一种主要病害，一般病田病株率达10%～30%，严重时发病率可达60%以上，对产量和质量有明显的影响。

【典型症状】 主要为害叶片。发病初期，叶片的正面产生不规则的褐黄色病斑，逐渐发展成多角形的黄褐色病斑。湿度大时，病斑背面长出灰黑色霉层。后期病斑连片，整个叶片枯死。

病叶出现不规则的褐黄色病斑

【防治措施】

（1）农业防治。选用抗病品种，如夏棠1号、八棱丝瓜等。增施有机肥和磷、钾肥。清沟排渍，降低田间湿度。

（2）药剂防治。下部叶片开始发病时，可喷洒25%嘧菌酯悬浮剂1 000倍液，每7天施1次，连续3次。此外，还可以选用70%乙铝·锰锌可湿性粉剂500倍液，或用72%霜脲·锰锌可湿性粉剂600倍液，或用72.2%霜霉威水剂800倍液，或用58%甲霜·锰锌可湿性粉剂600～700倍液，或用75%百菌清可湿性粉剂600倍液，或用64%噁霜·锰锌可湿性粉剂

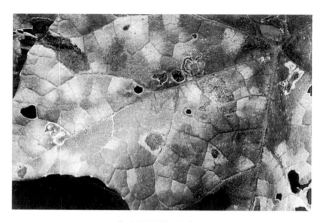

病斑扩展呈多角形

400 倍液。保护地栽培，每亩用 45% 百菌清烟剂 250 克，分散在多处用暗火点燃，闭棚熏一夜，7 天后再熏 1 次。

（四）丝瓜炭疽病

【**典型症状**】 发病初期，叶片上出现近圆形小斑点，淡黄

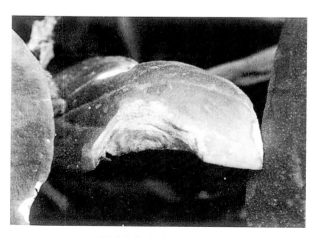

子叶上长出半圆形病斑

色，后扩大变为黑褐色，有轮纹。干燥时病斑中央易穿孔。破裂严重时，叶片提早枯死，造成植株枯萎死亡。瓜蔓及叶柄感病，病斑为椭圆形，深褐色凹陷。果实发病，病斑呈水渍状凹陷。湿度大时，病部均可溢出近粉红色黏液。病斑上有轮纹是该病后期的主要特征。

干燥时病斑中央易穿孔

【防治措施】

（1）农业防治。增施磷、钾肥。通风排湿，使棚内湿度保持在70%以下，减少叶面结露和吐水。田间操作应在露水落干后进行。

（2）药剂防治。发病初期喷洒50%苯菌灵可湿性粉剂1 500倍液，或用80%多菌灵可湿性粉剂600倍液，或用80%福·福锌可湿性粉剂800倍液，或用25%溴菌清可湿性粉剂500倍液，每7~10天1次，连续2~3次。保护地栽培，也可用45%百菌清烟剂熏治，每亩用量250克，隔10天左右在熏治1次。

（五）丝瓜蔓枯病

【典型症状】 主要为害丝瓜茎蔓，也可为害叶片和果实。

病瓜上出现圆形病斑

茎蔓发病，病斑椭圆形，边缘褐色，有时溢出琥珀色树脂胶质状物。叶片发病，病斑褐色，圆形或近圆形。果实上病斑近圆形，灰白色，发病严重时出现不规则的褪绿斑，后期变灰色至黑色。

病蔓枯死

果梗发病

【防治措施】

（1）农业防治。增施磷、钾肥，避免偏施氮肥。注意清沟排渍，调节株间的通透性。

（2）药剂防治。发病初期及时喷洒80%多菌灵可湿性粉剂600倍液，每7~10天1次，连续2~3次。保护地栽培，可用45%百菌清烟剂熏治，每亩用量250克，每10天1次。

三、苦瓜病害

（一）苦瓜疫病

疫病是苦瓜的一种常见病害。局部地区有分布，多在夏秋季发生，个别地块发病严重。

【典型症状】主要为害植株茎基部和幼嫩部位，也为害瓜条。多在开花以前显症。茎蔓部发病，病部呈水凹陷渍状，变细变软，致病部以上枯死，病部产生白色霉层。瓜条发病，病斑呈不规则水渍状坏死，灰绿至灰褐色，随病害的发展，病斑

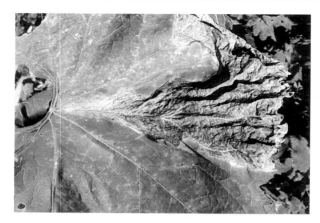

叶片发病

上产生白色霉层，很快病瓜腐烂。

瓜条发病

【防治措施】

（1）农业防治。与非瓜类作物实行 2 年以上的轮作。用无病土育苗，施用充分腐熟的有机肥，采用高畦地膜覆盖栽培。合理施肥，避免偏施氮肥，增施磷、钾肥，雨后及时排水，避免田间积水。定植后适当控水，发病后浇水更应严格控制。出现发病株及时拔除，带出田外妥善处理。

（2）药剂防治。发病初期喷洒15%三唑酮可湿性粉剂1 000~1 500倍液，或用58%甲霜灵·锰锌可湿性粉剂500~600倍液，或用64%噁霜·锰锌可湿性粉剂500倍液，或用30%氧氯化铜悬浮剂400~500倍液，每7~10天1次，连续3~4次。

（二）苦瓜白粉病

白粉病是保护地苦瓜的一种主要病害，造成的产量损失常达20%以上。

【**典型症状**】苗期至收获期均可发病。主要为害叶片，叶柄和茎次之，果实较少发病。叶片发病初期，产生白色粉状小圆斑，后逐渐扩大为不规则的白粉状霉斑。病斑可以连接成片，受害部分叶片逐渐发黄，后期病斑上产生许多黄褐色小粒点。发生严重时，病叶变为褐色而枯死。植株生长衰弱，结瓜减少，生育期缩短。

发病初期，叶片上长出白色小粉斑

【**防治措施**】

（1）农业防治。收获后要及时清除病残体。保护地要注

病斑扩大后连接成片

意通风透光，降低湿度。露地栽培，在雨后要及时排水。

（2）药剂防治。保护地栽培，在播种前每 100 平方米可用 250 克硫黄粉，与 500 克锯末拌匀后，分放在室内，于晚上点燃后烟熏一夜。发病初期可喷洒 30%氟菌唑可湿性粉剂 3 500~5 000 倍液，或用 15%三唑酮可湿性粉剂 1 500 倍液，或用 40%氟喹唑乳油 8 000 倍液，或用 40%硫黄·多菌灵悬浮剂 500~600 倍液，或用 50%硫黄悬浮剂 250~300 倍液，隔 10 天后再喷洒 1 次。500 克/升苯菌酮悬浮剂 2 500~3 500 倍液。

（三）苦瓜霜霉病

【典型症状】主要为害叶片。发病初期叶面出现浅黄色小斑，病斑扩大受叶脉限制呈不规则形，颜色由黄色逐渐变为黄褐色，能融合为大病斑。湿度大时在叶背面长出白色霉状物，天气干燥时则很少见到霉层。

【防治措施】

（1）农业防治。清沟排渍，降低田间湿度，定植后结瓜前应控制浇水，并适时中耕，提高地温。结瓜期及时清除老叶、病叶，以利通风透光。增施磷、钾肥，提高植株抗病性。

病叶上密生黄褐色小斑

（2）药剂防治。发病初期喷药防治，药剂可选用72%霜脲·锰锌可湿性粉剂1 000倍液，或用58%甲霜灵锰锌可湿性粉剂800倍液，或用40%百菌清悬浮剂600倍液，或用70%乙铝·锰锌可湿性粉剂500倍液，或用58%甲霜·锰锌可湿性粉剂500~600倍液，或用64%噁霜·锰锌可湿性粉剂500倍液。保护地栽培，可在发病初期用45%百菌清烟剂熏治，每亩用量250克，点燃后闭棚熏治一夜。

（四）苦瓜炭疽病

炭疽病是苦瓜的一种主要病害，病田病株率一般为8%~20%，严重时可达30%~50%。

【典型症状】苗期发病，子叶边缘出现褐色半圆形或圆形病斑，稍凹陷。成株期叶片发病，病斑近圆形，大小不等，初为水渍状，很快干枯呈红褐色，边缘有黄色晕圈，常常几个小病斑连在一起，呈不规则大病斑。病斑上轮生黑色小点，潮湿时，病斑上生有粉红色黏稠物质，在干燥条件下，病斑常开裂、穿孔。茎蔓发病，病斑灰白色至深褐色，稍凹陷，表面有粉红色小点。幼瓜、成瓜均可发病，病斑近圆形，初为淡黄褐色，后变红褐色至褐色，稍凹陷。湿度大时，病斑有淡粉红黏液溢出。发病严重时，病部扩展，可引起瓜条腐烂。

病叶上出现近圆形病斑

【防治措施】

（1）种子消毒。播种前将种子放于 56℃ 的温水中浸泡，冷却至室温后再继续浸泡 24 小时，然后置于 30～32℃ 条件下催芽，芽长 3 毫米时播种。

（2）农业防治。与非瓜类蔬菜作物实行 3 年以上的轮作。选用抗病性强的品种，合理密植，及时引蔓上架并整枝。合理施肥，注意氮、磷、钾三要素配合施用。保护地栽培要加强通风排湿，使棚内湿度保持在 70% 以下，减少叶面结露和吐水。

（3）药剂防治。发病初期喷药防治，药剂可选用 50% 甲基硫菌灵可湿性粉剂 700 倍液加 75% 百菌清可湿性粉剂 600 倍液，或用 80% 福·福锌可湿性粉剂 500 倍液，或用 80% 代森锌800 倍液。每 7 天 1 次，连续 2～3 天。

（五）苦瓜蔓枯病

【典型症状】 主要为害茎蔓部，也可为害叶片和果实。发病轻时，茎蔓结合部附近龟裂，严重时造成茎蔓病部表皮黑腐，出现褐色凹陷斑，并分泌出琥珀色胶状物，病斑发展至绕茎一周时形成枯蔓。叶片发病，病斑圆形或近圆形，褐色。果实发病初期，果面出现水渍状斑并逐渐下陷，造成果腐。后期病部上会生出黑色小粒点。

茎蔓发病

【防治措施】

（1）种子处理。播种前用55~60℃的温水浸种20分钟。

（2）农业防治。重病田在瓜地整畦前，每亩撒生石灰50~100千克后整畦。与非瓜类作物合理轮作，及时清除病残体，多施充分腐熟的有机肥，避免偏施氮肥。保护地种植应注意棚室的温湿度调控，露地种植也要注意通风降湿，有条件的可采用地膜覆盖，尽量降低环境湿度。

（3）药剂防治。发病初期喷洒50%多菌灵超微可湿性粉剂800倍液，或用56%氧化亚铜水分散粒剂800倍液，或用50%苯菌灵可湿性粉剂1 000倍液，隔10天左右1次，连续2~3次。也可用49%五硝·多菌灵1 000倍液，或用58%甲霜·锰锌可湿性粉剂500倍液于定植时灌根，每7~10天1次，连续2次。

散剂 1 000 倍液，或用 27.12%碱式硫酸铜悬浮剂 500 倍液预防，每 7~10 天 1 次，连续 2~3 次。发病初期可选用 10%苯醚甲环唑水分散粒剂 1 500 倍液，或用 40%氟硅唑乳油 8 000 倍液，或用 43%戊唑醇悬浮剂 5 000 倍液，或用 12.5%烯唑醇可湿性粉剂 2 000 倍液，或用 2%春雷霉素水剂 600 倍液进行喷雾，每 7~10 天 1 次，连续 2~4 次。保护地发病初期，每亩可用 45%百菌清烟剂 200 克分放在棚内 4~5 处，用暗火点燃，发烟时闭棚，熏一夜，次日清晨通风。

（二）南瓜疫病

【典型症状】 整个生育期均可发生，主要为害南瓜的茎蔓和果实。茎蔓发病，病部初呈水渍状，淡褐色，后渐渐变褐色湿腐，病部有粉状的白色小点。病害可从叶柄蔓延至叶片，叶片呈暗绿色水渍状腐烂，亦有从叶缘开始发生，向内扩展，随后扩展成圆形或不规则的大病斑，然后软腐下垂，干燥时呈灰褐色，易脆裂。果实发病，主要是爬地栽培的南瓜果实，病斑初呈暗绿色水渍状，后渐湿腐，病部表面有粉状的白色小点。

病斑干燥后呈灰褐色

【防治措施】

（1）农业防治。选用早熟抗逆性强的品种。选择高岗地、坡地种植，防止雨季田间积水。与禾本科等非寄主作物进行4~5年轮作。防止过密，以利通风透光，降低土壤湿度，减少发病机会。及时铲趟、除草、追肥、整枝压蔓，促进早熟。在多雨季节里，把垄沟里瓜拿到垄台上。大雨过后排出田间积水，降低土壤温度。增高地温，促进瓜株健壮生长，提高抗病性。病叶、病瓜、病秧要及时清出田外，集中深埋或烧毁。

（2）药剂防治。选用无病土育苗，或在播种前，每平方米苗床用8克25%甲霜灵可湿性粉剂或64%噁霜·锰锌可湿性粉剂，加10~15克干细土混匀，将1/3药土施入床内，播种后用剩余的2/3药土覆盖苗床。发病前或发病初期用58%甲霜·锰锌可湿性粉剂500倍液，或用64%噁霜·锰锌可湿性粉剂500倍液，或用75%百菌清可湿性粉剂600倍液，或用25%甲霜灵可湿性粉剂500~700倍液喷雾防治，每5~7天1次，连续2~3次。

（三）南瓜蔓枯病

茎蔓发病

【典型症状】主要为害茎蔓和叶片，果实也可受害。发病初期，茎基部出现水渍状、长圆形斑点，灰褐色，边缘褐色，有时溢出琥珀色的树脂状胶质物、严重时造成蔓枯。叶片发病，病斑多从叶缘开始向叶内扩展，形成圆形或"V"字形、黄褐色至黑褐色病斑、后期易溃烂。

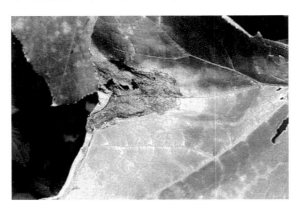

病斑从叶缘开始向内扩展呈"V"字形

【防治措施】

（1）农业防治。实行2~3年轮作，采用配方施肥技术，施足充分腐熟的有机肥。

（2）药剂防治。在发病初期全田用药，隔3~4天后再防1次，以后视病情变化决定是否用药。药剂可选用75%百菌清可湿性粉剂600倍液，或用50%硫黄·甲硫灵悬浮剂500~600倍液，或用40%氟喹唑乳油9 000倍液，或用56%氧化亚铜水分散粒剂600~800倍液，或用47%春雷·王铜可湿性粉剂700倍液，或用36%甲基硫菌灵悬浮剂400~500倍液。

（四）南瓜枯萎病

【典型症状】幼苗发病，子叶先变黄，幼苗萎蔫或枯萎，茎基部或茎部变褐缢缩或呈立枯状。成株多在开花结果后期发病，发病初期叶片从老叶向前端逐渐萎蔫似缺水状，中午尤为明显，早晚可恢复，3~6天后，整株叶片枯萎下垂，不能复原，最后全株枯死。植株茎蔓基部缢缩，有的病部出现褐色病斑。病根变褐腐烂，茎基部纵裂，维管束变褐。

病株萎蔫

病根变褐腐烂

【防治措施】

（1）种子消毒。播种前用60%多菌灵超微粉600倍液浸种60分钟，捞出后冲净催芽。

（2）农业防治。选择 5 年以上未种过瓜类蔬菜的土地栽植，或与其他蔬菜实行轮作。生产上推行葫芦科、十字花科、茄科 3 年轮作。选用无病新土育苗，采用营养钵分苗。避免大水漫灌；适当中耕，提高土壤透气性，使根系苗壮，增强抗病力。结瓜期，应分期施肥，切忌用未腐熟的人粪尿追肥。

（3）药剂防治。在发病前或发病初期用药，药剂可选择 10%水杨·多菌灵水剂 300 倍液，或用 60%多菌灵可湿性粉剂 500~600 倍液，或用 50%苯菌灵可湿性粉剂 1 500倍液，或用 50%甲基硫菌灵可湿性粉剂 500 倍液。采取灌根效果较好，每株用药液 300 毫升，每 10 天 1 次，连续 2~3 次。

（五）南瓜霜霉病

南瓜霜霉病是南瓜的一种常见病害，各地均有分布。为害较轻。

【典型症状】 主要为害叶片。发病初期叶片上先出现淡绿色病斑，后变黄色，病斑发展受叶脉限制，直径 2~6 毫米，湿度大时叶背面可见淡灰色稀疏的菌丛。

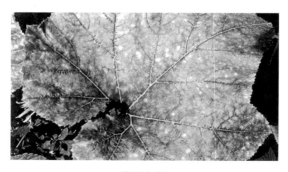

发病初期

【防治措施】

（1）农业防治。保护地栽培，要控制好湿度，避免叶片结露。

（2）药剂防治。发病前喷药，药剂可选择 75%百菌清可

发病后期

湿性粉剂 600 倍液，或用 70% 乙铝·锰锌可湿性粉剂 500 倍液，或用 64% 噁霜·锰锌可湿性粉剂 400~500 倍液，或 72% 霜脲·锰锌可湿性粉剂 800~900 倍液，或用 69% 烯酰·锰锌可湿性粉剂 1 000 倍液，每 10 天 1 次，视病情防治 1~2 次。保护地栽培，还可采用 7% 敌菌灵粉剂，或用 5% 百菌清粉尘剂喷粉防治。

（六）南瓜斑点病

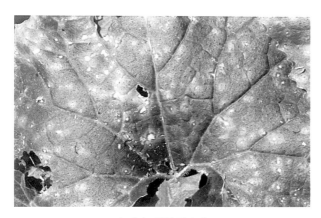

病叶出现圆形小斑

【**典型症状**】 主要为害叶片，病斑圆形或不定型，边缘黑褐色，病健部交界处湿润状，湿度大时病斑上生小黑点，严重时病斑融合，叶片局部枯死。

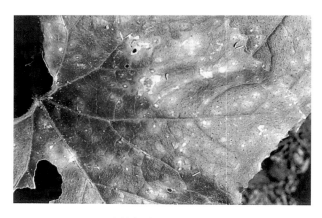

病健部交界处湿润状

【**防治措施**】

（1）农业防治。避免在低洼地种植，注意改善株间通透性。

（2）药剂防治。发病初期喷洒70%甲基硫菌灵可湿性粉剂800倍液加75%百菌清可湿性粉剂800倍液，或用40%硫黄·多菌灵悬浮剂600倍液，或用50%敌菌灵可湿性粉剂400~500倍液，或用50%异菌脲可湿性粉剂1 500倍液，每10~15天1次，连续2~3次。

五、冬瓜病害

（一）冬瓜菌核病

【**典型症状**】 主要为害果实和茎蔓。果实发病，多从残花部开始，病部呈水渍状腐烂，后期病部长出白色菌丝，并纠结成黑色菌核。茎蔓发病，在近地面的茎部产生褪色水渍状病斑，后逐渐扩大并呈褐色，高湿条件下病茎软腐，长出白色棉毛状菌丝。病茎髓部腐烂中空，纵裂干枯。叶片发病，病部呈水渍状并迅速软腐，后长出大量白色菌丝，菌丝密集形成黑色鼠粪状菌核。

病瓜呈水渍状腐烂

【防治措施】

（1）种子消毒。播前用10%盐水漂种2~3次，汰除菌核。或用50℃温水浸种10分钟，可杀死菌核。

（2）农业防治。最好实行水旱轮作。夏季病田灌水浸泡半个月，收获后及时深翻土地。覆盖地膜抑制子囊盘出土。棚室上午以闷棚提温为主，下午及时放风排湿，发病后可适当提高夜温以减少结露，早春日均温控制在29~31℃，相对湿度低于65%可减少发病。

病瓜长出白色菌丝

（3）药剂防治。定植前每亩用 20%甲基立枯磷 500 克配成药土耙入土中。在盛花期喷洒 50%乙烯菌核利可湿性粉剂 1 000 倍液，或用 60%多菌灵超微粉 600 倍液，或用 50%异菌脲可湿性粉剂 1 500 倍液加 70%甲基硫菌灵可湿性粉剂 1 000 倍液，隔 8~9 天 1 次，连续 3~4 次。病情严重时，除正常喷雾外，还可把上述杀菌剂对成 50 倍液，涂抹在瓜蔓病部，可控制病情扩展。

（二）冬瓜白粉病

白粉病是冬瓜的一种重要病害，各地均有分布，生长中、后期常引起叶片枯死。

【典型症状】主要为害叶片。发病初期叶片两面和叶柄上先产生白色近圆形星状小粉斑，向四周扩展后形成边缘不明显的连片白粉，严重时布满整个叶面；秋季白色霉斑因菌丝老熟，逐渐变成灰色，病叶黄枯，有的病部长出成堆的黄褐色小粒点，后变黑。

发病初期

严重时，病斑布满整个叶片

【防治措施】

（1）农业防治。选择地势较高、排灌良好的地块种植。合理密植，摘除下部老叶、病叶，注意田间通风透光；科学浇水，降低植株间空气湿度；施足底肥，增施磷、钾肥，生长中后期及时追肥，促使植株稳健生长，增强抗病力。

（2）药剂防治。参见黄瓜白粉病。

（三）冬瓜炭疽病

【典型症状】以果实症状最为明显，危害性也大。果实发病时，在顶部出现水渍状小点，扩大后出现圆形褐色凹陷病斑，湿度大时病斑中部长出粉红色粒状物。病斑连片致皮下果肉变褐，严重时腐烂。叶片发病，病斑为圆形，直径 3~30 毫米，褐色或红褐色，周围有黄色晕圈，中央色淡，病斑多时叶片干枯。

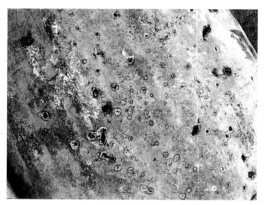

病瓜上出现褐色凹陷病斑

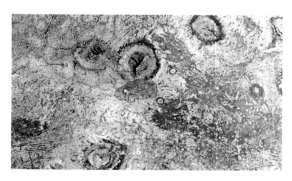

病斑放大

【防治措施】

（1）种子消毒。播种前用 50~55℃的温水浸种 20 分钟。

（2）农业防治。实行 3 年以上轮作。苗床用无病土或进行苗床土壤消毒，地膜覆盖栽培，增施磷、钾肥。保护地栽培，要注意通风排湿，使棚内的湿度控制在 70% 以下，减少叶面结露和吐水。

（3）药剂防治。发病初期开始喷施 25% 嘧菌酯悬浮剂 1 000 倍液，或用 36% 甲基硫菌灵悬浮剂 500 倍液，或用 50% 苯菌灵可湿性粉剂 1 500 倍液，或用 80% 福·福锌可湿性粉剂 800 倍液，或用 25% 溴菌清可湿性粉剂 500 倍液，连续施药 3 次，每次间隔 7 天。保护地栽培的，可在发病初期每亩用 45% 百菌清烟剂 250 克烟熏防治，隔 9~11 天再熏 1 次。250 克/升嘧菌酯悬浮剂 650~1 250 倍液。

（四）冬瓜疫病

【典型症状】 整个生育期均可发病。茎部发病，病部周围出现暗绿色萎缩的病斑，后期病部以上叶片萎蔫，整株枯死。叶片多从叶缘或叶尖开始发病，病斑水渍状，圆形或不规则形，严重时整片叶腐烂。果实发病，病斑初为水渍状，扩展迅速，几天后内部软腐，天气潮湿时，表生大量白色霉层。

【防治措施】

（1）种子消毒。冬瓜种子催芽前用 72.2% 霜霉威水剂或 53% 甲霜灵·锰锌水分散粒剂 1 000 倍浸种 30 分钟，也可用 55℃温水浸种 15 分钟。

（2）农业防治。与非瓜类作物实行 3 年以上的轮作。有机肥一定要充分腐熟，并作为基肥施入，避免偏施氮肥。雨后要及时排水。结瓜后垫草，或采取搭架栽培，避免瓜接触地面；雨季适当提前采收。收获后，及时清洁田园。

（3）药剂防治。播种前，每平方米苗床可用 8 克 25% 甲霜灵可湿性粉剂，与 10~15 千克干细土拌匀，撒在苗床上；

病梢萎蔫

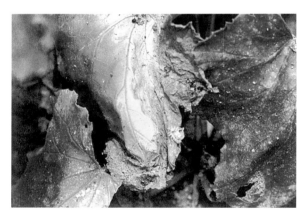

叶片发病

定植时用65%敌克松1 500倍液作为定根水浇灌。

（五）冬瓜霜霉病

霜霉病是冬瓜的一种普通病害，各地均有分布。冬瓜对霜

病果出现水渍状病斑

霉病有一定的抗性，不会造成严重为害。严重时引起植株早衰，造成明显减产。

【**典型症状**】 主要为害叶片，叶缘或叶背面出现水浸状不规则病斑，早晨尤为明显，病斑逐渐扩大，受叶脉限制，呈多角形淡褐色斑块，湿度大时叶背面或叶面长出灰黑色霉层。后期病斑破裂或连片，致叶缘卷缩干枯，严重的田块一片枯黄。

发病初期

【**防治措施**】

（1）农业防治。保护地栽培应注意选用耐热冬瓜品种。

病斑扩展成多角形淡褐色斑块

应选择地势较高，排水良好的地块栽培。施足底肥，合理追施氮、磷、钾肥。雨后适时中耕，以提高地温，降低空气湿度。

（2）药剂防治。发病初期开始喷施 25% 嘧菌酯悬浮剂 1 000 倍液，或用 58% 甲霜·锰锌 800 倍液，每 7 天 1 次，连续 3 次。250 克/升嘧菌酯悬浮剂 650~1 250 倍液。

（六）冬瓜蔓枯病

【典型症状】茎节最易染病，病部初呈暗褐色后变黑色，并生有许多小黑粒点，即病原的分生孢子器，这是诊断该病害的重要特征之一。严重时病茎还会溢出琥珀色胶状物。

后期病茎会干缩，纵裂似乱麻状，植株上部萎蔫枯死。叶片发病，多在叶缘处出现向内扩展成"V"字形或半圆形的黄褐色至淡褐色大病斑，后期病斑上散生小黑点。

【防治措施】

（1）种子消毒。播种前用种子重量 0.3% 的 50% 福美双可湿性粉剂拌种。

（2）农业防治。与非瓜类作物实行 2~3 年轮作。采取地膜覆盖，高畦栽培；雨季加强排水。

（3）药剂防治。发病初期喷洒 40% 氟唑唑乳油 8 000 倍

病株萎蔫枯死

茎蔓发病

液，或用 50% 甲基硫菌灵可湿性粉剂 800 倍液，每 7～10 天 1 次，连续 2～3 次。

六、辣(甜)椒病害

(一)辣(甜)椒疫病

【发病症状】苗期、成株期均可受害,茎、叶和果实都能发病。

苗期发病,茎基部呈暗绿色水浸状软腐或猝倒,有的茎基部呈褐色,幼苗枯萎而死。

甜椒疫病病果

甜椒疫病病果干燥状

辣(甜)椒疫病茎枝发病状

叶片染病，初为水浸状，后扩大为暗绿色圆形或近圆形病斑，直径2~3厘米，边缘黄绿色，中央暗褐色，湿度大时病部有稀疏白色菌丝体和白色粉状小点，病斑干后变为淡褐色，叶片软腐脱落。

果实染病，始于蒂部，初生暗绿色水浸状斑，迅速变褐软腐，湿度大时表面长出白色霉层，干燥后形成暗色僵果，残留在枝上。

茎部发病多在茎基部和枝杈处，病斑初为水浸状，后出现环绕表皮扩展的褐色或黑褐色条斑，引起皮层腐烂，病部以上枝叶迅速凋萎。各个部位的病部后期都会长出稀薄的白霉。病部明显缢缩，造成从病部折倒。本病主要为害成株，使植株急速凋萎死亡，为毁灭性病害。

辣（甜）椒疫病茎基部发病状

【防治方法】

（1）农业防治。

①选择抗病品种种植，或采用砧木嫁接。

②严格实行轮作，辣（甜）椒切忌与茄科作物连作，最好能与禾本科作物轮作，轮作3年以上。

③前茬作物收获后及时清洁田园，耕翻土地，可减少土壤中疫霉菌数量，要彻底清除和集中烧毁病残体，减少病源。

④采用地膜覆盖高垄栽培，早春地膜覆盖栽培可提高地

温，促进幼苗前期生长健壮，提高植株抗病能力，高垄可避免根系部位积水而引发疫病。

⑤合理密植，改善田间通风透光条件和降低田间湿度可阻止病害的侵染。

⑥加强田间管理，辣（甜）椒进入旺盛生长期促秧攻果时，浇水要少浇勤浇，辣（甜）椒喜温又怕高温，喜肥又怕肥烧，施肥要少而勤。注意排水，大雨过后，及时排出积水，高温干旱，小水浇灌。

⑦发现病株，及时拔除，带出田外烧毁或深埋，并对病源进行消毒。

（2）药剂防治。

①种子消毒：用10%福尔马林液浸种30分钟，药液以浸没种子5～10厘米为宜，捞出、漂洗、催芽、播种；也可用20%甲基立枯磷乳油1 000倍液浸种12小时；或用清水浸种8～10小时后用1%硫酸铜液浸种5分钟，捞出拌少量草木灰播种。

②灌根或喷雾：前期于发病前喷洒植株茎基和地表，防止初侵染；进入生长中后期以田间喷雾为主，防止再侵染；田间发现中心病株后，须抓准时机，喷洒与浇灌并举。及时喷洒和浇灌70%乙膦·锰锌可温性粉剂500倍液，66.8%丙森锌·缬霉威可湿生粉剂600～800倍液，或用68.75%氟吡菌胺·霜霉威悬浮剂600～800倍液，72.2%霜霉威水剂600～800倍液，或用60%氟吗啉·代森锰锌可湿性粉剂500～700倍液，或72%霜脲氰·代森锰锌可湿性粉剂600～800倍液，或用69%烯酰吗啉·代森锰锌水分散粒剂600～800倍液，或用58%甲霜灵·代森锰锌可湿性粉剂400～500倍液，或用64%噁霜灵·代森锰锌可湿性粉剂500倍液，或用60%琥·乙膦铝（DTM）可湿性粉剂500倍液。结合施药灌水，用98%硫酸铜每次施药1～1.5千克/亩，撒施田间或水口处，随水流入田间，防病效果较好。

③药剂熏蒸：棚室栽培阴天还可以用 45% 百菌清烟剂，每次 250 克/亩进行熏蒸防治。

（二）辣（甜）椒灰霉病

【发病症状】 辣（甜）椒灰霉病多在保护地内发生，在苗期、成株期均有为害，叶、茎、枝、花器、果实均可受害。

幼苗染病，子叶先端变黄，后扩展到幼茎，致茎缢缩变细，由病部折断而枯死。

辣（甜）椒灰霉病为害幼苗

叶片感染，从叶尖或叶缘发病，致使叶片灰褐色腐烂或干枯，湿度大时可见灰色霉层。茎部染病，初为条状或不规则水浸状斑，深褐色，后病斑环绕茎部，湿度大时长出较密的灰色霉层，病处凹陷缢缩，不久即造成病部以上死亡。

花器染病，初期花瓣呈现褐色小型斑点，后期整个花瓣呈褐色腐烂，花丝、柱头亦呈褐色。病花上初见灰色霉状物，随后从花梗到与茎连接处开始，向四周蔓延，病斑呈灰色或灰褐色。

果实染病，病菌多自蒂部、果脐和果面侵染果实，侵染处果面呈灰白色水渍状，后造成组织软腐，整个果实呈湿腐状，湿度大时部分果面密生灰色霉层。

辣（甜）椒灰霉病病花密　　　辣（甜）椒灰霉病侵染
生灰色霉状物　　　　　　　甜椒果实

【防治方法】

（1）农业防治。

①种植密度不宜过大。

②发病后及时清除病果、病叶和病枝，并集中烧毁或深埋，减少病源。

③加强栽培管理，保持棚面清洁，增强光照强度，降低棚内温度，避免在阴雨天或下午浇水，防止大水漫灌，要小水浇灌，最好选在晴天上午浇水，以降低夜间棚内湿度和结露。及时放风，控制湿度。

（2）药剂防治。初发此病时，可用20%腐霉利可湿性粉剂1 000倍液，或用2.5%咯菌腈悬浮种衣剂500倍液，或用50%乙霉威·多菌灵可湿性粉剂1 000倍液，或用50%啶酰菌胺水分散粒剂1 000~1 500倍液，或用40%嘧霉胺悬浮剂1 000~1 500倍液，或用50%嘧菌环胺水分散粒剂800~1 000倍液，或用50%异菌脲可湿性粉剂1 500倍液。每隔7~10天叶面喷雾1次，连喷2~3次，注意交替使用药剂，以防产生抗药性。喷药时要全面、均匀，叶片下部及叶的背面要重点

辣（甜）椒灰霉病侵染辣椒果实

喷，带病株的周围植株要重点喷。

（三）辣（甜）椒炭疽病

【发病症状】叶片染病，多发生在老熟叶片上，产生近圆形褐色病斑，亦产生轮状排列的黑色小粒点，严重时可引致落叶。茎和果梗染病，出现不规则短条形凹陷褐色病斑，干燥时表皮易破裂。

果实染病，先出现湿润状、褐色椭圆形或不规则形病斑，稍凹陷，斑面出现明显环纹状的橙红色小粒点，后转变为黑色小点。天气潮湿时溢出淡粉红色的粒状黏稠状物。天气干燥时，病部干缩变薄成纸状，易破裂。

【防治方法】

（1）农业防治。

①选用抗病品种和种子消毒。种植抗病品种、开发利用抗病资源、培育抗病高产的新品种可以有效控制辣（甜）椒炭疽病的发生。一般辣味强的品种较抗病，甜椒易感病，可因地制宜选用。

辣（甜）椒炭疽病为害果实

②要选择地势高燥，排灌方便，地下水位较低，土层厚、疏松、肥沃的地块种植。与非茄科类蔬菜实行 2～3 年轮作或水旱轮作，最好与葱、姜、蒜等非茄科作物轮作，科学安排间作套种，以降低病源，减少病害的发生。加强田间管理，根据辣（甜）椒品种特性和水肥条件合理密植，雨后及时排水，及时清除病叶、病果及残株，增施磷、钾肥。棚室要及时通风排湿，避免高温、高湿。

（2）药剂防治。

①种子消毒处理。先在清水中浸种 8～10 小时，再用 1% 硫酸铜溶液浸 5 分钟，捞出后拌少量消石灰或草木灰中和酸性，或用清水洗 3 遍，再催芽、播种。

②发病初期，每隔 7～10 天喷 1 次 4% 农抗 120 瓜菜烟草专用型 600 倍液，连喷 3～4 次，也可喷 2% 武夷菌素 200 倍液、80% 炭疽福美可湿性粉剂 800 倍液、70% 甲基硫菌灵可湿性粉剂 600～800 倍液、25% 嘧菌酯悬浮剂 1 000 倍液、75% 百菌清可湿性粉剂 800 倍液、25% 溴菌腈可湿性粉剂 500 倍液。苗床严格用药，大田必须连续喷药，方可达到良好的防治效果。

（四）辣（甜）椒枯萎病

【发病症状】 本病主要发生在幼苗期、开花坐果期和成株

辣（甜）椒枯萎病病株

辣（甜）椒枯萎病根茎剖面

期。发病初期，根部或根颈处常常产生水渍状褐色斑点，脚叶黄化，嫩芽和嫩叶生长缓慢，色泽暗，叶片半边枯黄半边绿色，中午萎蔫，晚上恢复，可持续数天。随着病情加重，根颈处及主根、侧根基部皮层干腐纵裂，易剥落，植株下部叶片大量脱落、与地面接触的茎基部皮层发生水渍状腐烂，茎秆、叶片迅速凋萎。病害扩展后，病根出现腐烂，髓部变为暗褐色或略带紫红，茎基部近地面处整段干腐或半边出现纵向枯死的长条斑。天气潮湿时，病部长出丰茂的白色菌丝或蓝绿色霉状物。发病后期，植株很容易被拔起。病株侧根很少，折断茎秆可见根颈部维管束变褐。病株地下部根系也呈水浸状软腐，皮层极易剥落，木质部变成暗褐色至煤烟色。

【防治方法】

（1）农业防治。合理轮作倒茬，避免与瓜类、茄科蔬菜连作，可与十字花科、百合科蔬菜实行 3 年以上的轮作，减少土壤中病菌的积累，降低发病率。

加强田间管理。防止田间潮湿或雨后积水，低洼地采用高畦栽培，深翻土地，以降低土壤湿度，增加土壤通透性。辣（甜）椒收获后彻底清除病残体，并将其烧毁。使用经高温堆沤充分腐熟的农家肥，防止肥料带菌。多施磷、钾肥，少施氮肥。

（2）药剂防治。

①用 0.1%高锰酸钾或 50%异菌脲可湿性粉剂 1 000 倍液，浸种 30 分钟，杀死种子表面的病原菌，洗净后催芽播种。

②用无病土育苗，选用 3 年以上没有种过茄科蔬菜的地作苗床或选用水田育苗。若用旧床，应换土或进行土壤消毒。可在 7 月高温季节，将床土深翻后灌水，覆盖塑料薄膜暴晒45~60 天。用菌药合剂做营养土（ 1 千克木霉培养菌、5 克五氯硝基苯、1 000 千克土），直接育苗或沟施、穴施。翻松土壤，每平方米用 30 毫升甲醛配成 100 倍液洒在土上，扣膜 7 天后，放风 14 天，耧一耧土，使土中气体充分散尽后育苗或定植。

③发病初期喷洒 40%多硫悬浮剂 600 倍液，或用 50%苯菌灵可湿性粉剂 500~1 000 倍液，或用绿叶丹可湿性粉剂 800 倍液，或用 72%霜霉威水剂 600 倍液，也可用 14%络酸铜水剂 300倍液，或用 3.2%噁霉灵·甲霜灵水剂（克枯星）600 倍液，或用 12%松脂酸铜乳油 500 倍液灌根，每株 0.5 升，每隔 7~10 天1 次，可灌 2~3 次。

（五）辣（甜）椒"三落"

【发病症状】辣（甜）椒落花、落叶、落果称为辣（甜）椒"三落"，在各茬栽培上都有发生。

辣（甜）椒落花　　　　辣（甜）椒落果

【防治方法】

（1）选用抗逆性强的优良品种。

（2）加强栽培管理，主要是培育壮苗，适时定植，合理密植或稀植。

（3）环境调控。早春注意提高地温和气温，保持气温在15℃和土温在18℃以上；夏季注意降温，气温不要超过30℃；冬、春季注意保持薄膜良好的透光性，增强光照；夏季栽培时最好能用遮阳网遮光，注意让植株尽快封垄，防止暴雨。

（4）水肥管理。科学浇水，不可过多或过少；合理施肥，施用腐熟的有机肥，增施磷、钾肥；培育壮苗，协调营养生长和生殖生长。前期注意控水控肥，促进根系生长，后期加强肥水管理，促进果实膨大。

（5）棚室内提倡膜下浇水，勿大水漫灌。

（6）病虫害防治。及早预防病毒病、炭疽病、叶斑病、茶黄螨、烟青虫等病虫害的发生。

（六）辣（甜）椒脐腐病

脐腐病又称顶腐病或蒂腐病，主要为害果实。

【发病症状】被害果实通常在花器残余部分及其附近出现暗绿色水浸状斑点，后迅速扩大，呈黄白色或淡褐色，不规则，横径可达2~3厘米，甚至扩大至近半个果实。患部组织皱缩，表面稍下陷，常伴随弱寄生或腐生真菌的侵染而呈黑褐色或黑色，内部果肉也可变黑色，但仍较坚实。如遭软腐细菌侵染，则引起软腐。

辣椒脐腐病病果

甜椒脐腐病病果

【防治方法】

（1）适时合理灌水。保证花期及结果初期有足够的水分供应。结果后及时均匀浇水防止高温为害，结果盛期以后，应小水勤灌。特别是黏性土壤，应防止浇水过多而造成缺氧性干旱。

（2）根外追肥。辣（甜）椒结果后 1 个月内，是吸收钙的关键时期。在坐果后喷洒 1%过磷酸钙，或用 0.1%氯化钙，或用 0.1%硝酸钙溶液等，可提高植株的抗病能力。隔 7～10 天喷 1 次，连续防治 2～3 次。使用氯化钙及硝酸钙时，不可与含硫的农药及磷酸盐（如磷酸二氢钾）混用，以免产生沉淀。

（3）地膜覆盖。用地膜覆盖可保持土壤水分相对稳定，并能减少土壤中钙质等养分的流失。

（4）育苗或定植时要将长势相同的放在一起，以防个别植株过大而缺水，引起脐腐病。

（5）使用遮阳网覆盖，减少植株水分过分蒸腾，也对防治本病有利。

（七）辣（甜）椒高温障碍

【发病症状】叶片受害，叶绿素褪色，叶片上形成不规则斑块或叶缘呈漂白状，后变黄色。轻的仅叶缘呈烧伤状，重的波及半个叶片或整个叶片，终致永久萎蔫或干枯。

辣（甜）椒高温障碍（叶片受害较轻）

【防治方法】

（1）因地制宜选用耐热品种。

（2）使叶面温度下降。阳光照射强烈时，可采用部分遮阴法，或使用遮阳网防止棚室内温度过高。

辣（甜）椒高温障碍（叶片受害较重）

（3）及时通风，降低棚室内的温度。

（4）喷水降温。

（5）移栽大田时采用双株合理密植，密植不仅可遮阴，还可降低土温。与玉米等高秆作物间作，利用阴凉降温。

（八）辣（甜）椒畸形果

【发病症状】畸形果是辣（甜）椒生产过程中常出现的问题之一，有时病果率很高。主要表现为果实生长不正常，长得像柿饼或蟠桃，或果实呈不规则形。有的甜椒果实从脐部开

辣椒畸形果双身果（一）

辣椒畸形果双身果（二）

裂，各自不规则向外扩大产生无胎座多瓣异形开花果或裂瓣果，有的形成指形果，里面几乎无种子或种子发育不良。畸形果是一种生理病害，越冬种植的甜椒、彩色甜椒冬季和春季畸形果较多。

辣椒畸形果弯曲果

甜椒畸形果（一）

甜椒畸形果（二）

【**防治方法**】目前对防止辣（甜）椒畸形果没有好的直接解决办法，但做好预防，可明显减少畸形果的出现。

（1）注意温度控制。秋季在辣（甜）椒开花坐果时，温度不宜过高，如果大棚内的温度超过35℃或32℃连续2小时以上，辣（甜）椒就会出现授粉或受精不良的情况。春节前后要注意避免大棚内的气温及地温过低，影响辣（甜）椒坐果，生产上施用沃达丰菌物生态复合肥及丰产宝等生物肥，可促进春节前后辣（甜）椒正常坐果。

（2）采用测土配方施肥技术，适时补肥。辣（甜）椒缺乏硼、钙等元素会导致畸形果，因此要注意经常喷洒含有硼、钙等元素的叶面肥或营养平衡剂，如叶面喷洒绿芬威3号以及硼酸或硼砂等。减少氮肥的施用量，增加钾肥，如磷酸二氢钾、硫酸钾等的施用量；及时喷洒甲壳丰或海力等营养平衡剂，有利于坐果。

（九）辣（甜）椒日烧病

日烧病又叫日灼病，是辣（甜）椒常发生的一种生理病害。

【发病症状】本病症状只出现在裸露果实的向阳面上。发病初期病部褪色，略微皱缩，呈灰白色或淡黄色。病部果肉失水变薄，呈革质，半透明，组织坏死发硬绷紧，易破裂。后期遇潮湿天气，病部易被病菌或腐生菌感染，长出黑色、灰色、粉红色等杂色霉层，病果易腐烂。

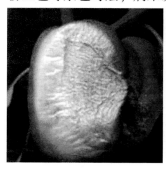

甜椒日烧病病果（一）　　甜椒日烧病病果（二）

【防治方法】

（1）合理密植和间作。注意合理密植，栽植密度不能过于稀疏，避免植株生长到高温季节仍不能"封垄"，使果实暴露在强烈的阳光之下。可采取一穴双株方式，使叶片互相遮阴，避免阳光直射果实。与玉米、高粱等高秆作物间作，利用高秆作物遮阴，减轻日烧的为害，还可改善田间小气候，增加空气湿度，减轻干热风的为害。

（2）避光防雨。保护地辣（甜）椒在高温季节的中午前后或降雨期间盖棚膜可减少发病。有条件的可进行遮阳网覆盖栽培，减弱强光。

（3）加强肥水管理，施用过磷酸钙作底肥，防止土壤干旱，促进植株枝叶繁茂。

（4）防治病虫害。及时防治病毒病、炭疽病、细菌性疮痂病、红蜘蛛等病虫害，防止植株早期落叶，以减少日灼果发生。可以施用 0.01% 芸薹素内酯乳油 4 000~6 000 倍液以提高辣（甜）椒抗逆能力。

（十）辣（甜）椒紫斑果

【发病症状】紫斑果是在绿色果面上出现紫色斑块，斑块没有固定形状，大小不一。一个果实上紫色斑块少者一块，多者几块。严重时，甚至半个果实表面布满紫斑。有时植株顶部叶片沿中脉出现扇形紫色素，扩展后成紫斑。

辣椒紫斑果

【发病病因】辣（甜）椒紫斑果是由于植株根系吸收磷素困难，出现花青素所致。缺磷一般发生在多年种菜的老菜地上。土壤水分不足或气温较低，会导致土壤有效磷供应不足或吸收困难，特别是地温低于10℃，极易造成植株根系吸收磷困难。目前，蔬菜田施磷不少，土壤一般不缺磷，植株缺磷主要是由于温度低，特别是低温季节栽培时土壤温度偏低，致使根系吸收磷素困难造成的。

甜椒紫斑果

【防治方法】

（1）选用早熟耐低温品种。

（2）保护地辣（甜）椒春提前和秋延后栽培时，做好增温、保温工作，把地温提高到10℃以上，一般就不会产生花青素形成紫斑果了。

（3）科学施肥，多施腐熟有机肥，改良土壤，提高土壤中磷的有效性。注意施用镁肥，缺镁会抑制植株对磷素的吸收。

（4）在果实生长期，适时喷施磷酸二氢钾200~300倍液。

（十一）辣（甜）椒菌核病

【发病症状】本病可为害辣（甜）椒整个生长期。苗期染病，茎基部初呈水渍状浅褐色斑，后变棕褐色。潮湿时皮层腐烂，

辣（甜）椒菌核病

上生白色菌丝体，干后呈灰白色，茎部变细，最后全株死亡。

　　成株期主要发生在距地面5～20厘米处茎部和枝杈处，病部初呈水渍状淡褐色斑，后变为灰白色，向茎部上下扩展，温度大时，病部内、外着生白色菌丝体，茎部皮层霉烂，并形成许多黑色鼠粪状菌核，最后引起落叶、枯萎死亡。

　　果实染病时，果面先变褐色，呈水渍状腐烂，逐渐向全果扩展，有的先从脐部开始向果蒂扩展至整果腐烂，表面长出白色菌丝体，后形成黑色不规则菌核，引起落果。

　　【防治方法】

　　（1）农业防治。控制棚内的温度；一旦发现病株，及时清除出棚并烧毁。

　　（2）药剂防治。发病初期，选择晴天上午9—10时喷洒50%腐霉利可湿性粉剂1 000～2 000倍液，或用40%嘧霉胺悬浮剂800倍液，或用65%甲霉灵可湿性粉剂500倍液，或用40%菌核利可湿性粉剂400倍液，或用10%多氧霉素可湿性粉剂800倍液，或用45%噻菌灵悬浮剂800～1 200倍液，或用50%乙烯菌核利可湿性粉剂1 000倍液，或用50%多菌灵磺酸盐可湿性粉剂800倍液喷雾，结合通风，降低棚内湿度。如遇阴雨天气，棚室也可用45%腐霉利烟雾剂200～300克／亩，分6～10处，于下午4—5时点燃后闭棚16～20小时。每隔5～7天防治1次，连续防治2～3次。

（十二）辣（甜）椒褐斑病

【发病症状】 辣（甜）椒褐斑病主要为害叶片，偶尔也可为害茎部。病菌主要侵染成熟叶片。

叶片发病时，先从下部叶片开始，病斑多为圆形，也有近圆形或不规则形，发病初期，叶片正面出现水渍状、淡褐色、针尖大小的斑点，渐扩展成近圆形病斑，随着病斑扩大，逐渐变为黄褐色至灰褐色，边缘颜色较深，病健交界明晰可辨，病斑表面稍隆起，具明显的同心轮纹，中部直径约2毫米范围明显枯白色，界限分明。病斑直径一般为6~12毫米。发病严重时，病斑相互愈合成不规则的大斑，后期病组织常干枯坏死，呈穿孔，致叶片支离破碎，严重时病叶变黄脱落。湿度大时病斑正反两面均可产生灰色霉状物。

辣（甜）椒褐斑病为害叶片

茎部染病，病斑常呈现椭圆形，其他特点和叶片上相似。

【防治方法】

（1）物理防治。用55℃温水浸种10~15分钟，再放入冷水中冷却，然后播种。

（2）药剂防治。

①苗床土壤处理。50%多菌灵、50%福美双按1∶1混合，每平方米用药8~10克与15千克细土混合撒入播种沟内。

②用70%代森锰锌可湿性粉剂500倍液，或用75%百菌清可湿性粉剂500倍液，或用50%乙霉威·多菌灵可湿性粉剂1 000倍液，或用10%苯醚甲环唑悬浮剂2 000倍液，或用40%氟硅唑乳油8 000倍液喷雾，隔10~15天喷1次，连喷2~3次。

（十三）辣（甜）椒黑斑病

【发病症状】本病主要侵染果实，发病初期，果实表面的病斑呈淡褐色，椭圆形或不规则形，稍凹陷，直径10~20毫米，甚至更大；后期病部密生黑色霉层。发病重时，一个果实上生有几个病斑，或病斑连片愈合成更大的病斑，其上密生黑色霉层。

甜椒黑斑病症状

【防治方法】

（1）农业防治。进行地膜覆盖栽培，栽培密度要适宜。加强肥水管理，促进植株健壮生长。发病果要及时摘除。收获后彻底清除田间病残体并深翻土壤。

（2）药剂防治。

①防治其他病虫害，减少日灼果产生，防止黑斑病病菌借

机侵染。

②发病初期及时进行药剂防治，喷洒 58%甲霜灵·代森锰锌可湿性粉剂 500 倍液，或用 70%代森锰锌可湿性粉剂 500 倍液，或用 64%噁霜灵·代森锰锌可湿性粉剂 500 倍液，或用 60%百菌通可湿性粉剂 500 倍液，或用 40%克菌丹可湿性粉剂 400 倍液，每 7 天喷 1 次，连喷 2~3 次。

（十四）辣（甜）椒根腐病

【发病症状】该病多发生于定植后，起初病株白天枝叶萎蔫，傍晚至次日清晨恢复，反复多日后整株青枯死亡。病株的根颈部及根皮层呈淡褐色至褐色腐烂，极易剥离，露出暗色的木质部，萎蔫阶段根颈木质部多不变色，病部一般局限于根和根颈部。

辣（甜）椒根腐病症状（一）

【防治方法】

（1）农业防治。因地制宜，适期早播。加强田间管理，防止菜地积水。

辣（甜）椒根腐病症状（二）

（2）药剂防治。

①先用 0.2%~0.5% 的碱液清洗种子，再用清水浸种 8~
12 小时，捞出后置入配好的 1% 次氯酸钠溶液中浸 5~10 分钟，
冲洗干净后催芽播种。也可用咯菌腈进行种子包衣。

②发病初期喷淋或灌 50% 多菌灵可湿性粉剂 600 倍液，或
用 50% 甲基硫菌灵可湿性粉剂 500 倍液或 40% 多·硫悬浮剂
600 倍液，或用 20% 二氯异氰尿酸钠可溶性粉剂 300~400 倍
液，或用 4% 农抗 120 水剂 200~300 倍液，隔 10 天左右 1 次，
连续灌 2~3 次。

（十五）辣（甜）椒白星病

白星病又称斑点病、白斑病。

【发病症状】本病主要为害叶片，病斑初为圆形或近圆
形，边缘呈深褐色小斑点，稍隆起，中央白色或灰白色，其上
散生黑色小粒点。叶片染病从下部老熟叶片发生，并向上部叶
片发展，发病严重的造成大量落叶，仅剩上部叶片。田间湿度
低时，病斑易破裂穿孔。

辣（甜）椒白星病症状

【防治方法】

（1）农业防治。与非茄科蔬菜隔年轮作，以减少田间病菌来源。及时摘除病、老叶，收获后清除病残体，带出田外深埋或烧毁，深翻土壤，加速病残体的腐烂分解。合理密植，深沟高畦栽培，雨后及时排水，降低地下水位，适当增施磷、钾肥，促进植株健壮，提高植株抗病能力。

（2）药剂防治。在发病初期，可选用50%甲基硫菌灵可湿性粉剂800倍液，或用77%氢氧化铜可湿性粉剂1 000倍液，或用75%百菌清可湿性粉剂600倍液，或用70%代森锰锌可湿性粉剂600倍液喷雾，隔10天左右喷1次，连续喷2~3次。

七、茄子病害

（一）茄子青枯病

本病别名细菌性枯萎病。

【发病症状】 茄子被害，初呈淡绿色，变褐焦枯，病株苗期不表现症状，到开花结果期才开始发病。初期个别枝条的叶片或一张叶片的局部呈现萎垂，后逐渐扩展到整株枝条上。初期叶片枝条呈淡绿色，中后期植株呈青枯状凋萎，后期变褐焦

茄子青枯病

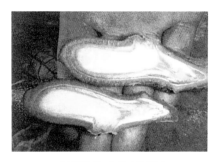

茄子青枯病茎剖面图

枯，病叶脱落或残留在枝条上。病株最初仅白天萎蔫，傍晚以后恢复正常。2~3天病株即死亡，若气温较低，土壤含水量较大或连日阴雨的条件下，病株可持续1周左右才枯死。病株茎基部木质部变褐色，一直延伸到上面枝条的木质部。枝条里面的髓部大多腐烂空心。湿度大时，用手挤压病茎的横切面，有乳白色的黏液渗出。

【防治方法】

（1）农业防治。

①与葱、蒜轮作4年以上，最好进行水旱轮作。

②选用无病种子或耐病品种。

③选无病土育苗，定植地块每亩增施石灰 50～100 千克，使土壤偏碱性。

④及时拔除病株，防止病害蔓延，在病穴上撒少许石灰防止病菌扩散。

⑤高畦栽培，做好田间排水，避免大水漫灌。

⑥生长中后期，停止中耕以防止伤根，收获后及时清除病残株，集中烧毁。

（2）药剂防治。

①用 0.1 亿活孢子/克多黏类芽孢杆菌细粒剂 300 倍液浸种，或苗床泼浇 0.3 克/平方米。

②发病初期立即拔除病株，72%农用硫酸链霉素可溶性粉剂 4 000倍液，或用 77%硫酸铜钙可湿性粉剂 600 倍液，或用 77%氢氧化铜可湿性粉剂 500 倍液，或用 14%络氨铜水剂 350 倍液灌根。每株灌 0.3～0.5 升，每 10 天灌 1 次，连灌 2～3 次。

（二）茄子软腐病

【发病症状】茄子软腐病主要为害果实。病果初生水渍状斑，后致果肉腐烂，具恶臭，外果皮变褐色，失水后干缩，挂

茄子软腐病症状

在枝杈或茎上。

【防治方法】

（1）农业防治。

①与非茄科或非十字花科蔬菜轮作。

②及时清除病果，带出田外烧毁或深埋。

③培育壮苗，适时定植，合理密植。雨季及时排水，避免田间积水。

④棚室栽培要加强放风，防止棚内湿度过高。

（2）药剂防治。

①雨前雨后及时喷洒72%农用硫酸链霉素可溶性粉剂4 000倍液，或用72%新植霉素可湿性粉剂4 000倍液，或用50%琥胶肥酸铜可湿性粉剂500倍液，或用27%碱式硫酸铜悬浮剂600倍液，或用2%多抗霉素800倍液，或用77%氢氧化铜可湿性粉剂500倍液，或用47%春雷霉素·碱性氯化铜可湿性粉剂800~1 000倍液，或用14%络氨铜水剂300倍液等交替预防，每隔6~7天喷1次，采收前3天停止用药。

②及时喷杀虫剂防治棉铃虫等蛀果害虫。

（三）茄子细菌性叶斑病

【发病症状】 本病主要为害叶片，严重时为害花、蕾。叶片从苗期到成株期均可感病，多始于生长点幼叶的叶尖和叶

茄子细菌性叶斑病

缘，从叶缘向内沿叶脉扩展，病斑形状不规则，淡褐色至褐色，严重时干枯脱落。患部在露水干前，手摸斑面有质黏感。花蕾感病多在萼片上产生灰色斑，以后扩展到花器和花梗上，直到花蕾干枯。

【防治方法】

（1）农业防治。

①与非茄科蔬菜轮作 3 年以上。

②采用热水烫种的方法处理种子，然后用 10%的磷酸三钠药液浸种 20 分钟杀菌。

③对大棚和土壤进行杀菌消毒。扣棚后，每个标准大棚用硫黄粉 2 千克点燃后闷棚 7~10 天。

④实行全方位地膜覆盖，防止浇水量过大，应及时通风排湿。

（2）药剂防治。发病初期可用 77%氢氧化铜可湿性微粒粉剂 500 倍液，或用 47%春雷霉素·碱性氯化铜可湿性粉剂 800~1 000倍液，或用 30%氧氯化铜悬浮剂 600 倍液，或用 72%农用硫酸链霉素可溶性粉剂 4 000 倍液，或用 14%络氨铜水剂 200~300 倍液，喷施叶面，每隔 7~10 天喷 1 次，连喷 2~3 次，最好在风雨前后喷药。

（四）茄子病毒病

【发病症状】 茄子病毒病症状复杂，常见有三种症状。花叶型：整株发病，叶片黄绿相间，形成斑驳花叶，老叶产生圆形或不规则暗绿色斑纹，心叶稍显黄色。坏死斑点型：病株上位叶片出现局部侵染性紫褐色坏死斑，大小 0.5~1 毫米，有时呈轮点状坏死，叶面皱缩，呈高低不平萎缩状。大型轮点型：叶片产生由黄色小点组成的轮状斑点，有时轮状斑点也坏死，病株结果性能差，多成畸形果。

【防治方法】

（1）农业防治。

①因地制宜选用抗病品种。与非茄科作物实行 3 年以上

茄子病毒病花叶型

轮作。

②田间作业前用肥皂洗手，减少人为传播。

③施用充分腐熟的有机肥，适时浇水，中耕培土，促根系发育，增强抗病力。

④田间发现病株及时拔除，铲除田间以及周边杂草，收获后清洁田园。

⑤建立无病留种田，选用不带病毒的种子。

⑥防治蚜虫：在温室、大棚内或露地畦间悬挂或铺银灰色塑料薄膜或尼龙纱网，可有效驱避菜蚜，必要时喷药杀蚜，减少传毒媒介。

（2）药剂防治。

①播种前进行种子消毒，可用 10% 的磷酸三钠溶液浸种 20~30 分钟，而后用清水洗净后再播种；或将种子用冷水浸泡 4~6 小时，再用 1.5% 硫酸铜·三十烷醇·十二烷基硫酸钠乳剂 1 000 倍液浸 10 分钟，捞出直接播种。

②病毒病发生时，可用 20% 盐酸吗啉胍·乙酸铜可湿性粉剂 500 倍液，或用 0.5% 抗毒剂 1 号水剂 300 倍液，或用 3.85% 盐酸吗啉胍·三十烷醇水乳剂 500 倍液，或用 20% 苦参碱·硫黄·氧化钙水剂 500 倍液，或用 5% 菌毒清水剂 500 倍液，或 2% 宁南霉素水剂 200~300 倍液，或用 1.5% 硫酸铜·

三十烷醇·十二烷基硫酸钠乳剂 1 000 倍液等喷雾，每隔 5～7 天喷 1 次，连喷 2～3 次。

（五）茄子根结线虫病

【发病症状】 本病主要发生于茄子的根部，尤以侧根和须根上根结线虫寄生多。受害部位长出许多近球形的瘤状物，似念珠状相互连接，初为乳白色，后变为褐色或黑色。瘤状物阻碍根的发育，使根的功能消失，须根萎缩。地上部植株前期受害症状不明显，中期表现为生长缓慢，叶色发黄，后期随着病情发展，植株萎蔫不能恢复，直至枯死。解剖根结有很小的乳白色线虫埋于其内。

茄子根结线虫病为害幼苗

【防治方法】

（1）农业防治。

①与非茄科作物进行 2～3 年的轮作，降低土壤中根结线虫的数量，减轻对下茬的为害。

②将土壤深翻 25～30 厘米，把虫卵翻入深层，减轻为害。

③选用无病土育苗。

④及时连根清除田间病残株，深埋或焚烧，消灭虫卵来源。

⑤收获后，条件允许时，可灌水淹地几个月，使根结线虫失去侵染力。

⑥夏季高温天气，利用太阳能提高地温，进行土壤消毒。大棚栽培棚膜不撤，用麦秸或稻草 1 000 千克/亩铺平闷盖，然后翻耕整平、灌水，再密闭大棚 15~20 天。对根结线虫及枯萎病等土传病害有较好的防治效果。

茄子根结线虫病为害

（2）药剂防治。

①播种或分苗前 15~20 天，用 98%~100% 棉隆微粒剂 5~6 千克/亩，撒施或沟施，深度 20 厘米，用药后立即覆土，有条件可洒水封闭或覆盖塑料薄膜，熏闷 7 天后松土通气，然后播种，可有效杀灭土中根结线虫。

②播种或定植时，用 6% 硫线磷颗粒剂或 10% 克线磷颗粒剂 3~4 千克/亩，拌土后穴施或沟施，也可用 20% 丙线磷颗粒剂，或用 1.8% 阿维菌素乳油，每平方米用药 1 毫升对水5~6千克，将药剂均匀喷洒在地面上，然后立即翻入土中或 5 亿活

孢子/克淡紫拟青霉颗粒剂 3~5 千克/亩处理土壤。

（六）茄子褐纹病

茄子褐纹病又称干腐病，是茄子的三大病害之一。苗期发病造成缺株，结果期发病引起果腐，可导致严重减产。

叶片发病

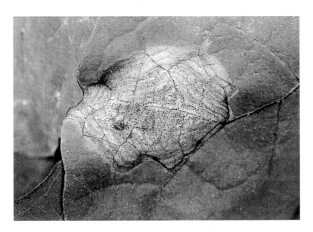

病斑上长出许多小黑点

【典型症状】 苗期发病，多在幼茎基部产生水渍状棱形或椭圆形病斑，稍后病斑逐渐变褐至黑褐色，并长出许多小黑点，当病斑环绕茎周时，病部凹陷，使幼苗枯死。果实发病，病斑初为淡褐色，圆形、椭圆形或不规则形，随后凹陷并形成暗褐色大斑，逐渐扩大到半果甚至全果，使表皮皱缩，病斑上出现许多轮纹状排列的小黑点，最后病果腐烂脱落或干腐挂枝。叶片发病，病斑不规则形，边缘呈暗褐色，中间灰白色并轮生许多小黑点。茎秆发病，症状与叶片症状相似，严重时可导致茎秆皮层脱落，露出木质部，遇大风时易折断枯死。

病斑上密生小黑点

【防治措施】

（1）种子消毒。播种前，用 55℃ 的温水浸种 10 ~ 15 分钟。

（2）农业防治。一般长茄较圆茄抗病，白皮茄、绿皮茄较紫皮茄抗病。病田可与水稻轮作 1 ~ 2 年，或与非茄科蔬菜轮作 2 ~ 3 年。采取深沟高畦，降低田间湿度。以有机肥为主，施足基肥，增施磷、钾肥，不偏施氮肥。实行小水勤灌，畦面要见干见湿。合理密植，及时疏叶整枝，提高通风透气性。

（3）药剂防治。播种前，每平方米苗床用 10 克 50%多菌灵可湿性粉剂拌细土 2 千克制成药土，取 1/3 撒在畦面上，然后播种，最后将其余药土覆盖在种子上面。苗期发病可喷施 60%福美锌 500 倍液，或用 50%菌丹 500 倍液，隔 5 ~ 7 天 1

次。定植前，苗床喷洒 1∶1∶240 波尔多液。成株期特别是结果的雨后，喷施 80% 代森锰锌可湿性粉剂 500～800 倍液，或用 40% 氟喹唑乳油 5 000～6 000 倍液，或用 58% 甲霜·锰锌可湿性粉剂 500 倍液，或用 70% 乙铝·锰锌可湿性粉剂 500 倍液，每 10 天 1 次，连续 2～3 次。

八、番茄病害

（一）番茄立枯病

【发病症状】刚出土的幼苗及大苗均能受害，但多发生于育苗的中后期，病苗茎基部变褐，产生椭圆形褐色斑，逐渐凹陷，并向四周扩展，最后绕茎基一周，造成病部收缩、干枯。早期病苗白天萎蔫，夜晚恢复，病害加重时逐渐枯死，枯死病苗多立而不倒，故称为立枯病。在湿度大时，病部产生淡褐色稀疏丝状霉。

番茄立枯病（一）

番茄立枯病（二）

【防治方法】

（1）农业防治。同辣（甜）椒猝倒病。

（2）药剂防治。播种前进行温汤浸种或药剂拌种，可采用种子量 0.3% 的代森锰锌可湿性粉剂或 50% 福美双可湿性粉剂拌种。

在发病期，药剂喷雾可降低病害的发生，采用 20% 甲基立枯磷乳油 1 500 倍液，或用 5% 井冈霉素水剂 1 500 倍液，或用 70% 甲基托布津可湿性粉剂 800 倍液，或用 15% 噁霉灵水剂 500 倍液，7~10 天喷 1 次，连喷 2~3 次，兼防猝倒病。

（二）番茄早疫病

番茄早疫病又称轮纹病、夏疫病。

【发病症状】 苗期、成株期均可染病，主要侵害叶、茎、花、果等部位，以叶片和茎叶分枝处最易感病。

幼苗期茎基部发病，病斑常包围整个幼茎呈黑褐色，引起腐烂，幼苗枯倒。

成株期一般从下部老叶开始发病，逐渐向上扩展。叶片染

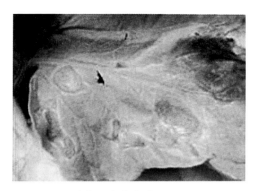

番茄早疫病病叶（一）

病初呈针尖大小的黑点，后发展为不断扩展的黑褐色轮纹斑，边缘多具浅绿色或黄色晕环，中部有同心轮纹，且轮纹表面生有毛刺状物，湿度大时病斑上生有灰黑色霉状物。叶柄受害，生椭圆形轮纹斑，深褐色或黑色，一般不将茎包住；茎部染病，多在分枝处产生褐色至深褐色不规则或椭圆形病斑，凹陷或不凹陷，表面生灰黑色霉状物。青果染病，始于花萼附近，初为椭圆形或不规则褐色或黑色斑，凹陷，直径 10~20 毫米，有同心轮纹，后期病果易开裂，病部表面着生黑色霉层，病部较硬，提早变红。常引起落叶、落果和断枝，尤其大棚、温室中发病严重。

【防治方法】

（1）农业防治。

①大面积实行 3 年以上与非茄科作物轮作，避免与土豆、辣（甜）椒、茄子连作。

②种植抗、耐病品种。选择适当的播种期，加强田间管理，施足腐熟的有机肥，适时追肥，合理密植，以促进植株生长健壮，提高对病害的抗性。

③早期及时摘除病叶、病果，并带出田外集中销毁。番茄拉秧及时清除田间残株、落花、落果，结合翻耕土地，搞好田

番茄早疫病病叶（二）

间卫生。

④注意雨后及时排水。

⑤保护地番茄重点抓生态防治。大棚内要注意保温和通风，每次灌水后一定要通风，以降低棚内空气湿度。早春定植时昼夜温差大，相对湿度高，易结露，有利于此病的发生和蔓延。尤其需要调整好棚内水、气的有机配合。在整枝时应避免与有病植株相互接触，可以减轻病害的发生。

（2）药剂防治。

①种子处理。种子要用55℃温水浸泡15~20分钟，然后再常温浸4~5小时后催芽播种，或采用2%武夷菌素水剂100倍液浸种60分钟，或用种子重的0.4%的50%克菌丹可湿性粉剂拌种。也可用2.5%咯菌腈悬浮种衣剂10毫升加水150~200毫升，混匀后可拌种3~5千克，包衣晾干后播种，可有效杀死黏附于种子表皮或潜伏在种皮内的病菌。

②栽前棚室消毒。连年发病的温室、大棚，在定植前密闭棚室后按每100平方米空间用硫黄0.25千克，锯末0.5千克，混匀后分几堆点燃熏烟一夜。

③生长期用药。在番茄苗期，病害发生前应注意用保护剂、预防病害的发生，如77%氢氧化铜可湿性粉剂800~1 000

倍液，或用 70% 代森锰锌可湿性粉剂 600~800 倍液，或用 75% 百菌清可湿性粉剂 600~800 倍液。茎叶均匀喷雾，视天气和番茄生长情况每 7~10 天喷 1 次。保护地栽培时，结合其他病害的预防，可以用 45% 百菌清烟剂或 10% 腐霉利烟剂 200~250 克/亩，在傍晚封闭棚室后施药，将药分放于 5~7 个燃放点，5~10 天熏 1 次，也可每亩喷撒 5% 百菌清粉尘剂 1 千克，视病情间隔 7~10 天喷一次药。在田间开始发病、部分叶片或茎秆上有病斑发生时，应及时喷施治疗剂，以保护剂和治疗剂混用效果好。可用 10% 苯醚甲环唑水分散粒剂 1 500 倍液 + 75% 百菌清可湿性粉剂 600 倍液，或用 40% 嘧霉胺悬浮剂 1 000~1 500 倍液 +75% 百菌清可湿性粉剂 600~800 倍液，或用 50% 苯菌灵可湿性粉剂 800~1 000 倍液 +75% 百菌清可湿性粉剂 600~800 倍液，或用 25% 溴菌腈可湿性粉剂 500~1 000 倍液 +70% 代森锰锌可湿性粉剂 700 倍液，或用 560 克/升嘧菌酯·百菌清悬浮剂 800~1 200 倍液。茎叶喷雾，视病情隔 7 天喷 1 次。为防止产生抗药性，提高防治效果，提倡轮换交替或复配使用。茎部发病，也可把 50% 扑海因可湿性粉剂配成 180~200 倍液，涂抹病部。

（三）番茄晚疫病

本病又称番茄疫病。

【发病症状】 本病主要为害幼苗、叶片、茎和果实，以叶片和青果发病重。

幼苗期染病，叶片初呈水浸状暗绿色，叶柄处腐烂，病斑由叶片向主茎蔓延，使茎变细并呈黑褐色，引起全株萎蔫或折倒，湿度大时病部表面产生稀疏的白色霉层。

成株期多从植株下部叶片的叶尖或叶缘开始发病，初为暗绿色水浸状不规则病斑，扩大后转为褐色，湿度大时病斑叶背病健交界处长出白色霉层。茎和叶柄上病斑呈水浸状黑褐色腐败状，使植株萎蔫。青果发病在近果柄处产生油浸状暗绿色云

番茄晚疫病病叶

纹状不规则病斑，后变成暗褐色至棕褐色，稍凹陷，边缘明显，云纹不规则，果实坚硬，湿度大时病部有少量白霉。可造成大量烂果、死株。

番茄晚疫病茎枝症状（一）

番茄晚疫病茎枝症状（二）

番茄晚疫病茎枝症状（三）

【防治方法】

（1）农业防治。

①种植抗病品种。

②采用营养钵、营养袋或穴盘等培育无病壮苗。

③与非茄科作物实行 3 年以上轮作。

④选择地势高燥、排灌方便的地块种植，合理密植。采用配方施肥技术，合理施用氮肥，增施磷、钾肥。

⑤切忌大水漫灌，雨后应及时排水。

⑥加强通风透光，保护地栽培时要及时放风，缩短植株叶面结露或出现水膜时间，及时打杈，防止棚室高湿条件出现。

（2）物理防治。用 55℃温水浸种 15～20 分钟，然后再常温浸种 4～5 小时后催芽播种。

（3）药剂防治。该病发展蔓延较快，田间发现中心病株时应及时进行防治，施药时注意治疗剂和保护剂结合施用，以防止病害再侵染。

①喷雾防治：在发病初期，喷药防治。常用农药有 72% 霜脲氰·代森锰锌可湿性粉剂 400～600 倍液，72.2% 霜霉威盐酸盐水剂 800 倍液、58% 甲霜灵·代森锰锌可湿性粉剂 500 倍液、69% 烯酰吗啉·代森锰锌可湿性粉剂 900 倍液、687.5 克/升霜霉威盐酸盐·氟吡菌胺悬浮剂 800～1 200 倍液、250 克/升吡唑醚菌酯乳油 1 500～3 000 倍液、72.2% 霜霉威盐酸盐水剂 800～1 000 倍液+10% 氰霜唑悬浮剂 2 000～2 500 倍液，每隔 7～10 天喷施 1 次，连续防治 3～4 次。

②熏烟或喷粉防治：棚室栽培出现中心病株后，每亩施用45%百菌清烟剂 200~250 克熏治或喷撒 5%百菌清粉尘 1 000克。视病情间隔 7~10 天喷 1 次药。

（四）番茄灰霉病

【发病症状】苗期、成株期均可发病，为害叶、茎、花和果实。

苗期染病，子叶先端变黄后扩展至幼茎，产生褐色至暗褐色病变，病部缢缩、折断或直立，湿度大时病部表面生浓密的灰色霉层。真叶染病，产生水渍状白色不规则病斑，后呈灰褐色水渍状腐烂。幼茎染病，亦呈水渍状缢缩，变褐变细，造成幼苗折倒，高湿时产生灰色霉状物。

番茄灰霉病病花

番茄灰霉病病果

成株期叶片发病，多从叶尖开始向内发展，病斑呈"V"字形，开始为水浸状浅褐色边缘不规则深浅相间的轮纹病斑，潮湿时病部长出灰霉，干燥时病斑呈灰白色；茎发病后，初期产生水浸小点，后扩展成长椭圆形或条形病斑，高湿时长出灰褐色霉层，严重时引起病部以上枯死；果实发病，主要在青果期，先侵染蒂部残留的柱头或花瓣，后向果面或果梗发展，果皮变成灰白色、水浸状、软腐，病部长出灰绿色绒毛状霉层，果实失水后僵化。

番茄灰霉病病茎　　　　　　番茄灰霉病病叶（一）

【防治方法】

（1）农业防治。

①用新土育苗。

②与非茄科作物进行轮作。

③栽培密度不可过大。保护地栽培遇低温、高湿天气要加强通风。冬季或早春，上午棚内尽量保持较高的温度，使棚顶露水雾化；下午适当延长放风时间，以降低棚内温度；夜间要适当提高棚温，避免叶面结露。

④发病初期控制浇水，不可大水漫灌，一般浇水要在晴天上午进行。

番茄灰霉病病叶（二）

⑤发病后及时摘除病枝、病叶和病果，集中深埋或烧毁。

（2）药剂防治。第一次用药在定植前用50%腐霉利可湿性粉剂1 500倍液，或用50%多菌灵可湿性粉剂500倍液喷淋番茄苗，要求无病苗进棚；第二次在沾花时带药。第一穗果开花时，在配好的2,4-D或防落素稀释液中，加入0.1%的50%腐霉利可湿性粉剂或50%异菌脲可湿性粉剂进行沾花或涂抹，使花器着药；第三次在浇催果水前一天用药，以后看天气情况确定，如遇连阴雨天气，气温低，可再防1~2次，间隔7~10天。果实快速膨大期是番茄灰霉病高发期，应注意施药防治，每次喷药前把番茄的老叶、黄叶、病叶、病花、病果全部清除，以减少菌源基数，并利于植株下部通风透光。喷药要周到，施药时抓住三个位置：一是中心病株周围，二是植株中下部，三是叶片背面。做到早发现中心病株及早防治。要注意保护剂和治疗剂混施，达到预防和治疗的效果，可用25%啶菌噁唑乳油1 000~2 000倍液+50%克菌丹可湿性粉剂400~600倍液，或用50%腐霉利可湿性粉剂1 000~1 500倍液+75%百菌清可湿性粉剂600~800倍液，或用21%过氧乙酸水剂1 000~1 500倍液，或用50%乙烯菌核利水分散粒剂800~1 000倍液，连续喷药3次以上，每次间隔7天。

保护地栽培，在发病初期，每亩用10%腐霉利烟剂250~300克熏一夜，每隔7~9天熏1次，也可用6.5%甲基硫菌灵·乙霉威超细粉尘剂，或用5%百菌清粉尘剂喷粉，每亩1千克。

（五）番茄枯萎病

番茄枯萎病又称半边枯。

【发病症状】本病多在开花结果期开始发病。发病初期，先从植株下部叶片开始发黄枯死，依次向上蔓延，有时植株一侧叶片发黄，另一侧为正常绿色，发病严重时整株叶片褐色萎蔫枯死，但不脱落。或一片叶一边发黄而另一边正常。剖开病茎可见维管束变黄褐色。潮湿环境下，病株茎基部产生粉红色霉层。

番茄枯萎病植株   番茄枯萎病根部

【防治方法】

（1）农业防治。

①与非茄科作物实行 3 年以上轮作。

②施用充分腐熟的有机肥，采用配方施肥技术，适当增施钾肥，提高植株抗病力。

番茄枯萎病茎基部剖面

③选用耐病品种。

④采用新土育苗，或床土消毒。

（2）药剂防治。

①种子处理：用 55℃ 温水浸种 15～20 分钟，或用 0.1% 硫酸铜溶液浸种 5 分钟，洗净后再常温浸种 4～5 小时催芽播种，也可用种子重量 0.3% 的 70% 敌磺钠可溶性粉剂拌种后再播种。

②土壤处理：每平方米床面用50%多菌灵可湿性粉剂8~10克，加土4~5千克拌匀，先将1/3药土撒在畦面上，播种后再把多余药土覆在种子上。发现零星病株，要及时拔除，定植穴填入生石灰覆盖踏实，杀菌消毒。

③在田间初见发病时，用70%噁霉灵可湿性粉剂2 000倍液，向茎基部喷淋或浇灌药液，每株300~500毫升，视病情隔7~10天灌1次；发病普遍时，可用70%敌磺钠可溶性粉剂500倍液浇灌根部，每株灌药液300~500毫升，视病情隔5天灌1次。

（六）番茄白粉病

【发病症状】本病常发生在番茄生长中后期，为害叶片、叶柄、茎及果实。主要为害中部和下部叶片，初在叶面出现褪绿色小点，扩大后呈不规则粉斑，表面生出白色絮状物。起初霉层较稀疏，渐稠密后呈毡状，病斑扩大连片或覆满整个叶面。有的病斑发生于叶背，病部正面出现黄绿色边缘不明显斑块，后期整叶变褐枯死。其他部位染病，病部表面也产生白粉状霉斑。

番茄白粉病

【防治方法】

（1）农业防治。选用抗病品种，加强棚室温、湿度管理。采收后及时清除病残体，减少越冬菌源。

（2）药剂防治。发病初期，棚室可选用烟雾法。45%百菌清烟剂 250~300 克/亩，用暗火点燃熏一夜。

喷药防治，可选用 25%乙嘧酚磺酸酯乳油 1 500 倍液、25%乙嘧酚悬浮剂 1 500~2 500 倍液，或用 30%醚菌酯悬浮剂 2 000~2 500 倍液，或用 30%氟菌唑可湿性粉剂 1 500~2 000 倍液，或用 10%苯醚甲环唑水分散粒剂 1 000~1 500倍液，或用 15%三唑酮可湿性粉剂 2 000 倍液+25%丙环唑乳油 4 000倍液，隔 7~15 天喷 1 次，连续防治 2~3 次。

（七）番茄绵疫病

本病又称褐色腐败病、番茄掉蛋。

【发病症状】本病主要为害未成熟的果实，也为害叶片。先在近果顶或果肩部出现表面光滑的淡褐色斑，逐渐形成同心轮纹状斑，渐变为深褐色，皮下果肉也变褐色。湿度大时，病部长出白色霉状物，病果多保持原状，不软化，易脱落。叶片染病，其上长出大型水浸状褪绿斑，渐腐烂，有的可见同心轮纹。

番茄绵疫病病果

【防治方法】

（1）农业防治。

①与非茄科作物轮作。选择排水良好、地势高的地块

种植。

②定植前精细整地，沟渠通畅，做到深开沟、高培土，降低土壤含水量。

③及时整枝打杈，去掉老叶、内膛叶，使果实四周空气流通。

④采用地膜覆盖栽培，避免病原菌通过灌溉水或雨水反溅到植株下部叶片或果实上。

⑤及时摘除病果，深埋或烧毁。

（2）药剂防治。发病初期喷药，常用 72% 霜脲氰·代森锰锌可湿性粉剂 800 倍液，或用 72.2% 霜霉威水剂 800 倍液，或用 50% 烯酰吗啉可湿性粉剂 2 000 倍液，或用 25% 烯肟菌酯乳油 900 倍液，或用 25% 嘧菌酯悬浮剂 800 倍液，或用 66.8% 丙森锌·异丙菌胺可湿性粉剂 700 倍液，靠近地面的部位要重点喷药，保护果穗，适当喷洒地面。

（八）番茄叶霉病

番茄叶霉病又称黑霉病，俗称黑毛。

【发病症状】本病可为害叶片、茎、花和果实，以叶片受害较重。叶片发病时，叶背初呈椭圆形或不规则淡黄色或淡绿色的褪绿斑，后在病斑上长出灰白色、灰褐色至黑褐色的绒状

番茄叶霉病初期症状

番茄叶霉病中期症状

番茄叶霉病后期症状

霉层；叶片正面呈淡黄色褪绿斑，边缘不明显，条件适宜时，叶片正面也会长出霉层。发病多从老叶开始，渐由下向上部新叶发展蔓延，发病严重时叶片由下向上逐渐卷曲，植株呈黄褐色而干枯。也能为害嫩茎和果柄，并可延及花部，引起花器凋萎或幼果脱落。果实染病自蒂部向四周扩展，产生近圆形硬化的凹陷斑，病斑上长出灰褐色至黑褐色霉层。

【防治方法】

（1）农业防治。

①选用抗病品种。从无病植株上选择留种。

②与瓜类和豆类蔬菜实行 3 年以上轮作。

番茄叶霉病田间表现

③采用生态防治，重点是控制温、湿度，增加光照，预防高湿、低温。加强水分管理，浇水在上午，苗期浇小水，定植时灌透，开花前不浇，开花时轻浇，结果后重浇，浇水后立即排湿，尽量使叶面不结露或缩短结露时间。

④露地栽培时，雨后及时排出田间积水。

⑤增施充分腐熟的有机肥，避免偏施氮肥，增施磷、钾肥，及时追肥，并进行叶面喷肥。及时整枝打杈、绑蔓，坐果后适度摘除下部老叶。

（2）药剂防治。

①棚室消毒。定植前每立方米温室大棚用硫黄粉 5 克、锯末 10 克混合后分装几处，点火后密闭烟熏一夜。

②种子处理。播种前用 55℃温水浸种 15～20 分钟，然后再常温浸种 4～5 小时，或采用 2%武夷菌素水剂浸种，或用种子重量的 0.4%的 50%克菌丹可湿性粉剂拌种。也可用 2.5%咯菌腈悬浮种衣剂 10 毫升加水 150～200 毫升，混匀后可拌种 3～5 千克，包衣后播种。

③生长期防治。在温室、大棚中每亩每次用 6.5%甲基硫菌灵·乙霉威粉剂 800～1 000 克，或用 10%异菌脲·福美双粉尘剂 1 000 克，采用直接喷粉，使超细的粉尘在棚室内悬浮、分散，叶片的正反面和茎枝均匀受药，视病情间隔 7～10 天用

药1次。还可以使用45%百菌清烟雾剂200~250克/亩，在傍晚封闭棚室后施药，将药分放于5~7个燃放点烟熏。开始发病时，应及时喷药防治，常用药剂有25%啶菌噁唑乳油800倍液+75%百菌清可湿性粉剂500倍液，40%氟硅唑乳油4 000倍液+75%百菌清可湿性粉剂600倍液，30%氟菌唑可湿性粉剂1 500~2 000倍液+50%克菌丹可湿性粉剂500倍液，30%醚菌酯悬浮剂2 500倍液，50%腐霉利可湿性粉剂1 000~2 000倍液。

（九）番茄灰叶斑病

【发病症状】 本病主要为害叶片，很少为害茎，不为害果实。发病初期，叶面布满圆形暗褐色小斑点，呈水浸状，并沿叶脉向四周扩大，发展为不规则病斑。病斑中部渐褪为灰白色至灰褐色。病斑稍凹陷，小而多，直径2~4毫米，极薄，后期易破裂、穿孔或脱落。茎上病斑为暗褐色小斑点。苗期和成株期均可发病。

番茄灰叶斑病病叶

【防治方法】
（1）农业防治。
①选用抗病品种。
②增施有机肥及磷、钾肥。
③收获后及时清除病残体，集中烧毁。

④棚室浇水改在上午，注意通风，防止棚内湿度过高，减少叶面结露持续的时间。

（2）药剂防治。番茄生长期，结合其他病害的防治，注意喷施保护剂，可用 68.75% 噁唑菌酮·代森锰锌水分散粒剂 1 000~1 500 倍液，或用 70% 代森联干悬浮剂 600~800 倍液。田间发病初期可用 47% 春雷霉素·氧氯化铜可湿性粉剂 700 倍液，或用 50% 异菌脲可湿性粉剂 1 500 倍液，或用 10% 苯醚甲环唑水分散粒剂 2 000 倍液 +70% 代森锰锌可湿性粉剂 600~1 000 倍液喷雾防治，视病情每隔 7~10 天防治 1 次，连续防治 2~3 次。棚室栽培在发病初期可用 5% 春雷霉素·王铜粉尘剂，或用 7% 敌菌灵粉尘剂，或用 5% 异菌脲·福美双粉尘剂每次 1 000 克/亩；也可以每亩用 15% 腐霉利·百菌清烟剂 200 克防治。

九、菜豆病害

（一）菜豆锈病

锈病是菜豆的一种主要病害，各地均有分布，发生普遍。该病发病猛，传播快，为害严重。

【典型症状】 主要侵害叶片，严重时茎蔓、叶柄及豆荚均可发病。病初叶上生黄绿色或灰白色小斑点，随后凸起，变成黄褐色小疱。扩大病斑后，表皮破裂，散出红色粉末（即夏孢子）。发病后期夏孢子堆附近长出黑色的冬孢子堆。病叶易早落。

【防治措施】

（1）农业防治。选用抗病品种，合理轮作，实行高垄栽培，合理密植，调整播期避过重发病期。清理田园病残体并集中深埋或烧毁。

（2）药剂防治。发病初期病斑未破裂前喷药防治，药剂可

叶片发病初期

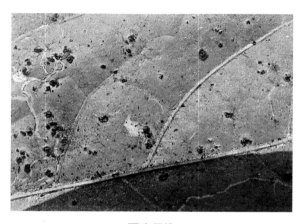

夏孢子堆

选用10%苯醚甲环唑水分散粒剂500~800倍液，或50%萎锈灵800~1 000倍液，或用50%多菌灵可湿性粉剂800~1 000倍液，或40%硫黄·多菌灵悬浮剂400~500倍液，或用15%三唑酮乳油1 000倍液，或用2%武夷菌素水剂150~200倍液，或用75%百菌清可湿性粉剂600倍液，或用70%代森锰锌400倍液，或用40%氟硅唑乳油8 000倍液，每7~10天喷药1次，连续2~3次。

冬孢子堆

（二）菜豆白绢病

白绢病是菜豆的一种普通病害，主要分布在高温、多雨、湿度大的地区。

病株茎基部长出菜籽状菌核

【典型症状】 主要为害茎基部和豆荚，发病时在茎基部或豆荚上先出现辐射状扩展的白色绢丝状菌丝体，后在病部上形成菜籽状褐色菌核，引起豆荚湿腐。茎基部皮层变褐腐烂，最后植株萎蔫死亡。

【防治措施】

（1）农业防治。发病重的地块，应与禾本科作物实行轮作，有条件的地方最好是水旱轮作。深翻土地，把病原翻到土壤下层。及时拔除发病株，并在病穴中撒入生石灰消毒。施用充分腐熟的有机肥，适当追施硫酸铵、硝酸钙，可以减少发病。结合整地，施入消生石灰，使土壤呈中性至微碱性。

（2）药剂防治。发病初期喷施 50% 硫黄·甲硫灵悬浮剂500 倍液，或用 36% 甲基硫菌灵悬浮剂 500 倍液，或用 20% 三唑酮乳油 2 000 倍液，隔 7~10 天喷施 1 次。也可用 20% 甲基立枯磷乳油 800 倍液灌穴或淋施 1~2 次，间隔期 15~20 天。

（三）菜豆白粉病

【典型症状】 主要为害叶片，也可为害茎、荚。叶片受害，先在叶片上产生近圆形粉状白霉，后融合成粉状斑，严重时布满全叶，致叶片枯死或脱落。茎荚受害，茎干缩、枯黄，荚也干缩变小。最后病斑上出现小黑点，即闭囊壳。

叶片出现白色粉斑

【防治措施】

（1）农业防治。选用抗病品种。收获后及时清除病残体，集中深埋或烧毁。

（2）药剂防治。发病初期喷洒2%武夷菌素200倍液，或用10%丙硫多菌灵悬浮剂1 000倍液，或用20%三唑酮乳油2 000倍液，或用6%氯苯嘧啶醇可湿性粉剂1 000~1 500倍液，或用12.5%烯唑醇可湿性粉剂2 000~2 500倍液，或用40%氟唑唑乳油9 000倍液，每7~10天1次，连续2~3次。

（四）菜豆红斑病

【典型症状】 叶片发病，病斑近圆形，大小3~10毫米，红色或红褐色，背面密生灰色霉层。有时受叶脉限制形成不规则形病斑。豆荚发病，病斑红褐色，较大，中心为黑褐色，后期着生灰黑色霉层。

叶片出现红褐色近圆形病斑

【防治措施】

（1）种子消毒。播前用55℃温水浸种10分钟。

（2）农业防治。有条件的地方，最好实行轮作倒茬栽培。采收结束后，及时销毁病残体。

（3）药剂防治。发病初期喷洒 50% 乙霉·多菌灵可湿性粉剂 1 000~1 500 倍液，或用 75% 百菌清可湿性粉剂 600 倍液，或用 50% 硫黄·甲硫灵悬浮剂 500~600 倍液，或用 14% 络氨铜水剂 300 倍液，或用 1:1:200 倍式波尔多液，或用 30% 碱式硫酸铜悬浮剂 400 倍液，每 7~10 天 1 次，连续 2~3 次。

叶片发病后期

豆荚发病

（五）菜豆菌核病

菌核病是菜豆的一种普通病害，主要发生在保护地或南方露地菜豆上，是老菜区和保护地菜豆的主要病害。

为害茎、叶片和豆荚

茎秆上出现灰白色病斑

【典型症状】 多始于近地面茎基部或第 1 分枝处，发病部位初呈水渍状，后逐渐变为灰白色，皮层组织发干崩裂，呈纤维状。叶片发病初期呈水渍状，渐长生白色毛状物，湿度大时在茎的病组织中腔生鼠粪状黑色菌核，病部白色菌丝生长旺盛时也长黑色菌核。

病部密生白色菌丝

【防治措施】

（1）种子消毒。当种子中混有菌核及病残体时，在播种前用 10%盐水浸种，洗去菌核和病残体后，再用清水冲洗播种。

（2）农业防治。有条件的地方可与禾本科作物轮作，最好是水旱轮作。收获后深耕，把菌核埋在土表 3 厘米以下的土层中，能遏制菌核的萌发。在子囊盘出土盛期中耕，后灌水覆地膜闭棚升温，利用高温杀死部分菌核。勤松土、除草，摘除老叶及病残体。避免偏施氮肥，增施磷、钾肥。保护地栽培要控制好湿度，通过控湿、保温、通风等生态防治措施，达到防病目的。

（3）药剂防治。开花后喷施 50% 乙烯菌核利可湿性粉剂 1 000倍液，或用 50% 异菌脲可湿性粉剂 1 000~1 500 倍液，或用50%腐霉利可湿性粉剂 1 500~2 000 倍液，隔 10~15 天 1 次，连续 3~4 次。重点喷淋花器和老叶。

（六）菜豆炭腐病

炭腐病是菜豆的一种主要病害，各地均有发生。病田发病率一般为 5%~15%。

病茎上长出小黑点

【典型症状】主要为害茎基部。发病初期茎基部褪绿，皮层组织腐烂，开始白天中午萎蔫，早晚还能恢复，几天后整天萎蔫，不再复原，全株枯死，容易拔起，根部没有新根，根须全部腐烂或枯死。茎基部生出褐色至灰褐色不规则形病斑，后期病茎部产生黑色小点。病部变成暗褐色，病斑绕茎一圈后，全株枯死，豆荚干瘪。

根须全部腐烂

【防治措施】

（1）农业防治。收获后，及时清除病残体，集中深埋或烧毁。有条件的地方，最好能与禾本科作物轮作。增施钾肥，可以增强植株抗病力。

（2）药剂防治。发病初期喷洒30%碱式硫酸铜悬浮剂400倍液，或用80%代森锰锌可湿性粉剂600倍液，每10天1次，连续2~3次。

（七）菜豆轮纹病

菜豆轮纹病又称褐斑病、叶煤病、褐纹病，是菜豆的一种常见病害。

【典型症状】主要为害叶片。病斑近圆形至不规则形，直径3~11毫米，颜色为绿褐色至黄褐色，边缘分明，病斑上生有明显轮纹，中央赤褐色至灰褐色，边缘色略深，湿度大时叶背病斑上产生灰色霉。

【防治措施】

（1）农业防治。及时收集病残体，带出田外烧毁。

（2）药剂防治。发病初期，喷药防治，药剂可选择75%百菌清可湿性粉剂1 000倍液，或用40%硫黄·多菌灵悬浮剂

叶片出现黄褐色近圆形病斑

病斑穿孔

500 倍液，或用 50% 甲硫·福美双 800 倍液，每 10 天 1 次，连续 2~3 次。

菜豆黑斑病是菜豆的一种常见病害，各地均有发生。多发生在生长后期，对生产无明显影响，严重时可使部分叶片坏死，轻度影响生产。

（八）菜豆黑斑病

【典型症状】主要为害叶片。病斑为圆形或近圆形，直径
2~6毫米，褐色，微有同心轮纹，病斑上生有细微的黑色霉

叶片出现褐色近圆形小斑

发病中期

点。由链格孢菌引起的黑斑病多从叶尖或叶缘开始，产生褐色不规则形叶斑，后期病斑表面长出微细黑色霉层。

发病后期

【防治措施】

（1）种子消毒。播种前用75%百菌清可湿性粉剂1 000倍液浸种2小时，洗净后催芽播种。

（2）农业防治。清沟沥水，合理密植。大棚栽培要通风，降低棚内湿度。生长季节结束，病残体要收集烧毁。

（3）药剂防治。发病后喷药效果较差，因此需提前喷药保护。药剂可选用80%代森锰锌可湿性粉剂600倍液，或用50%异菌脲可湿性粉剂1 000倍液，或用75%百菌清可湿性粉剂600倍液，或用50%腐霉利可湿性粉剂1 500倍液或58%甲霜·锰锌可湿性粉剂500倍液，或用64%噁霜·锰锌可湿性粉剂500倍液，每7~10天1次，连续3~4次。

十、扁豆病害

（一）扁豆斑点病

扁豆斑点病又称白星病，是扁豆的一种主要病害。分布广泛，发生较普遍。

【典型症状】 主要为害叶片。病斑圆形或近圆形，锈褐色，直径 2~15 毫米，斑点较分散。发病后期中央逐渐变成浅褐色，边缘红褐色或暗褐色，稍隆起。病部生黑色小粒点，排列成明显轮纹，有时轮纹不明显。

病叶

【防治措施】

（1）农业防治。施用充分腐熟有机肥，提高寄主抗病力。

（2）药剂防治。发病初期喷洒 36% 甲基硫菌灵悬浮剂 500~600 倍液，或用 50% 苯菌灵可湿性粉剂 1 500 倍液，或用 60% 多菌灵可湿性粉剂 800 倍液，或用 50% 琥胶肥酸铜可湿性粉剂 500 倍液，或用 30% 碱式硫酸铜悬浮剂 400 倍液，每 10

病叶

天1次，连续2~3次。

（二）扁豆淡褐斑病

【典型症状】生长中后期发生，主要为害叶片。病斑近圆形或不规则形，大小不等，颜色浅褐色，中央灰褐色，边缘暗灰褐至浅黑褐色，具不明显的轮纹，后期上生稀疏褐色小点。

【防治措施】

（1）种子消毒。播种前将种子在冷水中预浸4~5小时后，置入50℃温水中浸5分钟，再移入冷水中冷却，晾干后播种。

（2）农业防治。重病田与非豆科蔬菜实行2~3年轮作。选择高燥地块，合理密植，采用配方施肥技术，提高抗病力。收获后及时清洁田园，深翻，减少越冬菌源。

（3）药剂防治。发病初期喷洒50%苯菌灵可湿性粉剂1 500倍液，或用40%硫黄·多菌灵悬浮剂600倍液，或用70%甲基硫菌灵可湿性粉剂500倍液，或用75%百菌清可湿性粉剂600倍液，每7~10天1次，连续2~3次。

叶片发病

（三）扁豆黑斑病

黑斑病是扁豆的一种常见病害，各地均有分布。

【典型症状】 主要为害叶片，病叶上出现褐色圆形病斑，直径6~10毫米，病斑上有同心轮纹。发病后期，病斑上长出黑色霉层。

【防治措施】

（1）农业防治。合理密植，清沟排渍。生长季节结束后，彻底收集病残物烧毁。

（2）药剂防治。重病地或田块应及早喷药控制，药剂可选用75%百菌清可湿性粉剂600倍液，或用58%甲霜·锰锌可湿性粉剂500倍液，或用50%异菌脲可湿性粉剂1 500倍液，或用50%腐霉利可湿性粉剂1 500倍液，每7~10天1次，连续3~4次。

炭疽病是扁豆的一种普通病害，各地均有发生。

【典型症状】幼苗发病，在子叶边缘出现凹陷的病斑，病

病斑上长出黑色霉层

斑浅褐色至红褐色，潮湿时有粉红色黏稠物。成株期叶片发病，病斑初为点状，黑褐色，随病情的发展呈多角形条状，赤褐色至黑色。病斑一般是沿叶脉扩展。叶柄和茎蔓发病，病斑褐色至红褐色，略凹陷。豆荚发病，病斑圆形，凹陷，中央黑褐色，边缘浅褐色或褐红色，直径 0.5~1 厘米。扁豆成熟后，

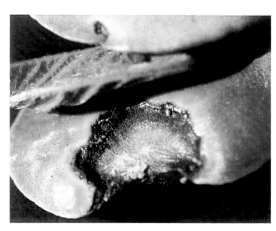

子叶边缘出现凹陷的病斑

叶片出现赤褐色病斑

病斑颜色渐浅，边缘稍隆起，中央凹陷；种子上的病斑不定型，黄褐色至暗褐色。

【防治措施】

（1）种子处理。在播种前用45℃温水浸种10分钟，或用40%福尔马林200倍液浸30分钟，然后冲净晾干播种。

（2）农业防治。选用抗病品种，选留无病种子。收获后及时清除病残体。施用充分腐熟的堆肥。重病田实行2~3年轮作。间苗时注意剔除病苗，加强肥水管理。

（3）药剂防治。发病初期喷洒80%福·福锌可湿性粉剂900倍液，或用50%苯菌灵可湿性粉剂1 500倍液，或用50%多菌灵可湿性粉剂600倍液，或用80%代森锰锌可湿性粉剂500倍液，或用30%碱式硫酸铜悬浮剂400倍液，或用1∶1∶240波尔多液，每7~10天1次，连续2~3次。

（四）扁豆茎枯病

【典型症状】 主要为害茎。发病初期，在茎部表面生灰色条状或不规则形斑，病斑扩展茎粗的2/3以上时，植株往往在下午呈现萎蔫状，早晚尚可恢复，当病部扩展绕茎一周后，可致病部以上或全株枯死，病部变为灰白色至暗灰色，表面生出

茎蔓出现褐色略凹陷的病斑

豆荚出现凹陷的褐色病斑

很多小黑粒点。

【防治措施】

（1）农业防治。收获后及时清除病残体，集中深埋或烧毁。与禾本科作物轮作。施入的堆肥要充分腐熟，注意增施钾肥。

茎蔓发病后枯死

病部长出黑色小粒点

（2）药剂防治。发病初期喷洒 30%碱式硫酸铜悬浮剂 400 倍液，或用 50%琥胶肥酸铜可湿性粉剂 500 倍液，或用 80%代森锰锌可湿性粉剂 600 倍液，每 10 天 1 次，连续 2~3 次。

（五）扁豆绵疫病

【典型症状】地上部分均可发病。豆荚染病，初现水渍状褐色斑，后长出明显的白色霉状物，致豆荚枯萎、变黑而死亡。叶片发病，叶脉变为紫色且不正常，叶上很少出现白霉。

病荚呈水渍状枯死

【防治措施】

（1）农业防治。种植抗病品种，实行轮作，高畦深沟种植，合理密植，雨后及时排水。

（2）药剂防治。发病初期喷洒70%乙铝·锰锌可湿性粉剂500倍液，或用58%甲霜·锰锌可湿性粉剂500倍液，或用18%甲霜胺·锰锌可湿粉600倍液，每10天1次，连续2～3次。

（六）扁豆病毒病

病毒病是扁豆的一种常见病害，各地均有分布，主要在夏秋季的露地发生。

【典型症状】 因毒原、因品种、因地、因时，都会产生不同的田间症状，表现为花叶、斑驳，皱缩、畸形、花斑等症状，有的叶片变小或明脉，有的心叶不舒展或节间缩短。有的表现为系统环斑，病株矮小。

叶片上出现花斑

叶片上出现花斑

气候干旱发病重；田间管理条件差、蚜量大发病重。

【防治措施】

（1）农业防治。及时拔除病株。选用确实无病、无褐斑豆粒做种。加强肥水管理，提高植株抗病力。

（2）药剂防治。及早防治传播介体蚜虫，防止病毒蔓延。

（七）扁豆细菌性疫病

扁豆细菌性疫病又称为细菌性叶烧病，是扁豆的一种主要病害，各地均有发生。

【典型症状】幼苗发病，子叶和幼茎出现红褐色、湿润状斑块，严重时幼苗干枯。成株期多从中下部叶片先染病，由叶尖或叶缘开始逐渐向内扩展形成不规则形的褐色大斑，周围有黄色晕圈，病叶很快枯死。茎部染病出现红褐色短条斑，严重的也能使茎蔓枯干，状似火熏烤过。豆荚染病出现圆形或不规则形、稍凹陷的褐色病斑，所结籽粒不饱满。

【药剂措施】

（1）选留无病种子，从无病地采种；对种子用45℃恒温水浸种15分钟捞出后移入冷水中冷却，或用种子重量0.3%的95%敌克松原粉或50%福美双拌种，或用硫酸链霉素500倍液，浸种24小时。

（2）加强栽培管理，避免田间湿度过大，减少田间结露的条件。

（3）发病初期，用14%络氨铜水剂300倍液，或用77%可杀得可湿性微粒粉剂500倍液，或用47%加瑞农可湿性粉剂800倍液，或用30%碱式硫酸铜（绿得保）悬浮剂400倍液，或用新植霉素4 000倍液等喷雾，隔7~10天1次，连续防治2~3次。采收前3天停止用药。

十一、大白菜病害

（一）大白菜褐腐病

褐腐病是大白菜的一种主要病害，各地均有分布。

【典型症状】大白菜叶柄外壁接近地面菜帮上，生有褐色或黑褐色凹陷斑，周缘不大明显。湿度大时，病斑上现褐色或黄褐色蛛网状菌丝及菌核，发病重的叶柄基部逐渐腐烂，或病叶发黄脱落。

病株基部腐烂

病叶湿腐

【防治措施】

（1）农业防治。摘除近地面的病叶，携出田外深埋或销毁。

（2）药剂防治。发病初期喷洒12%松脂酸铜水剂600倍

病株茎基部长出白霉

液，或用 15% 噁霉灵水剂 450 倍液，或用 72.2% 霜霉威水剂 800 倍液加 50% 福美双可湿性粉剂 800 倍液，或用 40% 拌种双粉剂 500 倍液，每 10 天 1 次，连续 2~3 次。

（二）大白菜黑斑病

大白菜黑斑病在各地均有发生，近年来危害呈上升趋势，成为白菜生产上的重要病害。

【典型症状】主要为害叶片。病叶上现较小的直径 2~6 毫米的暗褐色病斑，圆形或近圆形，有明显的同心轮纹，外围有黄色晕圈，病斑上生黑色霉状物；多雨天气，病斑内部常脱落穿孔。叶柄、茎部和种荚发病，病斑长棱形，暗褐色，严重时，叶柄腐烂、病叶枯黄。

【防治措施】

（1）种子消毒。播种前用 50℃ 温水浸泡 25 分钟，冷却晾

病叶正面症状

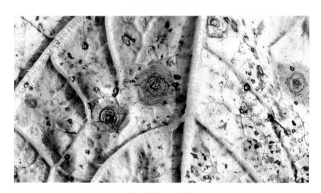

病叶背面症状

干后播种，或用种子重量 0.3% 的 25% 甲霜灵可湿性粉剂拌种。

（2）农业防治。与非十字花科蔬菜轮作 1~2 年。雨后及时清沟排渍，中耕松土，提高土壤温度，抑制病原生长。收获后，清洁田园，深翻晒土，消灭越冬病原。

（3）药剂防治。发病初期可喷洒 430 克/升的戊唑醇悬浮剂 2 000 倍液，或用 10% 苯醚甲环唑水分散粒剂 800 ~ 1 200 倍液，或用 50% 异菌脲可湿性粉剂 1 000 倍液，或用 75% 百菌清可湿性粉剂 500 倍液，或用 64% 噁霜·锰锌可湿粉 500 倍液，或用58%甲霜·锰锌可湿性粉剂 500 倍液，或用70%代森锰锌可湿性粉剂 500 倍液，每 7~10 天 1 次，连续 3~4 次。

（三）大白菜病毒病

大白菜病毒病又叫孤丁病、抽风病，是大白菜的一种主要病害。

【典型症状】 苗期发病，病苗心叶的叶脉透明，沿叶脉褪绿，叶片皱缩，向一边弯曲，有时叶脉上产生褐色的坏死斑或条斑。

叶片皱缩

成株期叶片皱缩凸凹不平，呈黄绿相间的花叶，叶脉上也有褐色坏死斑点或条斑，病株矮化。发病严重的植株停止生长，常在包心前死亡。成株期发病，主要表现坏死条斑，并出现裂痕，病株严重矮化、畸形、不结球。受害较轻的，病株畸形，矮化较轻，有时只呈现半边皱缩，能部分结球。有些感病植株虽能结球，而且外表与健株无差别，但剥开外叶，常见到叶片上有许多灰色或黑色的坏死斑点。重病株的根多不发达，须根较少，病根切面显黄褐色。

【防治措施】
（1）农业防治。选种抗病品种。播种时尽量避开蚜虫传

叶脉坏死

毒期和高温天气。大白菜苗期多浇水，及时施肥。秋季栽培采取银灰膜避蚜。注意剔除病苗、弱苗。

（2）药剂防治。从苗期开始注意防治传播介体蚜虫。

（四）大白菜软腐病

软腐病是大白菜的一种主要病害，一般从莲座期到包心期开始发病，且发病最重。

【典型症状】 发病症状表现主要有基腐型、心腐型和外腐型3种类型。

（1）基腐型。植株外围叶片在烈日下顶端萎垂，日落后又能恢复，持续几天后，病株外叶平贴地面，心部或叶球外露。发病严重的植株，结球小，叶柄基部和根茎处心髓组织完全腐烂，轻碰病株即倒落，充满灰黄色黏稠物，臭气四溢。

（2）心腐型。病原由菜帮基部伤口侵入菜心，形成水渍状湿润区，逐渐扩大后，变为淡灰褐色，发病组织呈黏滑软腐状。菜心部分叶球腐烂，结球外部无病状。

（3）外腐型。病原由叶柄外部叶片边缘或叶球顶端伤口侵入，引起外叶边缘焦枯，或在多雨条件下顶叶腐烂，在天气转晴干燥时腐烂叶片干枯呈薄纸状。

田间症状

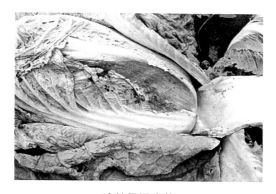

病株呈湿腐状

【防治措施】

（1）农业防治。避免将白菜与茄科、瓜类及十字花科蔬菜连作。种前应深耕晒田，高垄或高畦种植。增施底肥，及时追肥。适时播种，使包心期避开雨季。发现重病株，应及时收获或拔除。保持土壤见干见湿。另外防虫是防治软腐病的关键措施。

（2）药剂防治。发病前或发病初期，用药处理轻病株及周围植株为重点。可选用20％叶枯唑可湿性粉剂300～400倍液，或用农用链霉素5 000倍液，或用47％春雷·王铜可湿性粉剂700～750倍液等喷洒，重点喷施接近地表的叶柄及茎基部。20%噻森铜悬浮剂 500～700 倍液。

（五）大白菜细菌性角斑病

角斑病是大白菜的一种重要病害，各地均有分布，重病田病株率达 60%以上，显著影响白菜的产量和质量。

【典型症状】 发病初期在叶片背面出现水渍状病斑，稍凹陷。病斑的发展受叶脉限制，同时叶肉细胞崩解，所以病斑呈现膜状不规则角斑，病斑的大小不等，病斑相对应的叶面呈灰褐色油渍状。湿度大时，叶背病斑上溢出污白色菌脓；干燥时，病部易干、质脆，呈开裂或穿孔状。

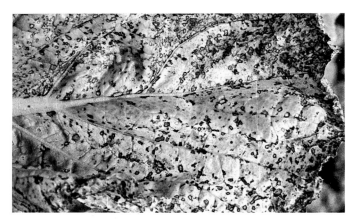

叶面症状

【防治措施】

（1）种子消毒。用 50℃温水浸种 20 分钟。

（2）农业防治。与非十字花科蔬菜轮作 2 年以上；减少田间病源，培育壮苗，提高抗病能力；实行高垄栽培，清除田边地头杂草，减少虫源。增施有机肥和磷、钾肥，施肥的原则是前重后轻。前期小水勤灌，中期实行稳水、足水灌溉，切忌大水漫灌。通过科学的水肥管理促进白菜根系发育，植株健壮。

叶背症状

（3）药剂防治。发病初期喷施 72%农用链霉素可湿性粉剂 3 000 倍液，或用新植霉素可湿性粉剂 4 000 倍液喷雾，每 7~10 天 1 次，连续 3 次。

（六）大白菜干烧心

干烧心也称焦边、烂心病、夹皮烂等，是大白菜的一种重要的生理性病害，各地都有不同程度的发生，春、夏大白菜发病较重，有的地块甚至绝产。

【**典型症状**】多发生于莲座期至结球期。莲座期，心叶顶部边缘呈半透明水渍状，之后病斑扩展，叶缘逐渐变干黄化，向外翻卷、枯萎、皱缩成白色干带，呈干纸状；叶组织呈水渍状，叶脉暗褐色，病处汁液发黏，但无臭味，病部与健部界限清晰，有时出现干腐或湿腐，发病严重时，外叶生长快而内叶生长慢，致使外叶直立，心叶矮小，丧失食用价值。结球期，叶球中部的叶片发病，发病后叶球的外观正常，但切开后可见到心叶边缘焦枯，叶球虽可生长，但包球不紧，发病严重的则空心，有的受腐败性细菌侵染而腐烂，在大白菜贮藏期病部还继续扩展。

叶缘逐渐变干黄化

叶球中部的叶片发病

【防治措施】 一般直筒形品种较耐病。灌水宜在早晚进行，莲座期保持见干见湿，结球期应经常保持湿润。增施有机肥。氮、磷、钾肥应配合施用。大白菜莲座期叶面喷锰肥，每隔 5~7 天 1 次，连喷洒 3~5 次。可用 0.7% 硫酸锰溶液，或用 70% 代森锰锌 500~800 倍液，或用 58% 甲霜·锰锌 200 倍液。贮藏时，控制窖温在 0℃ 左右、相对湿度 90%~95% 时，可降低发病率。

十二、甘蓝病害

（一）甘蓝霜霉病

霜霉病是甘蓝的一种重要病害，各地均有分布。

【典型症状】 主要为害叶片。病叶上初生淡绿色病斑，后逐渐变为黑色至紫黑色，微凹陷。病斑受叶脉限制呈不规则形或多角形，叶背上病斑呈现白色霜状霉层。在高温下容易发展为黄褐色的枯斑。病重时病斑汇合后叶片变黄枯死。老叶受害

叶面症状

后有时病原也能系统侵染进入茎部，在贮藏期间继续发展达到
叶球内，使中脉及叶肉组织上出现黄色不规则形的坏死斑，叶
片干枯脱落。

叶背症状

【防治措施】

（1）种子消毒。播种前可用种子重量 0.4% 的 50% 福美双
可湿性粉剂或 75% 百菌清可湿性粉剂拌种。

（2）农业防治。与非十字花科作物 3 年轮作，并应防止
与十字花科作物邻近。苗床注意通风透光，不用低湿地作苗
床，结合间苗摘除病叶和拔除病株。低湿地采用高垄栽培，合
理灌溉施肥。收获后清园深翻。

（3）药剂防治。定植后用 80% 代森锰锌 600 倍液喷雾预
防病害发生。发病初期或出现中心病株时应立即喷药保护，特
别是老叶背面应喷到。药剂可选用 70% 乙铝·锰锌可湿性粉
剂 600 倍液，或用 66.8% 丙森·缬霉威可湿性粉剂 600 倍液，
或 70% 代森联水分散粒浮剂 500 倍液，或用 75% 百菌清可湿性
粉剂 600 倍液，或用 72% 霜脲·锰锌 600~800 倍液，或用
40% 三乙膦酸膦铝可湿性粉剂 150~200 倍液，或用 69% 烯
酰·锰锌 500~600 倍液，每 7~10 天 1 次，连续 2~3 次，药
剂应轮换使用。保护地栽培的，可用 45% 百菌清烟剂熏治，

每亩用量 150 克，每 7 天 1 次，连续 3~4 次。560 克/升百菌清·嘧菌酯悬浮剂 500~750 倍液。

（二）甘蓝猝倒病

【典型症状】 常见症状有死苗和猝倒 2 种。死苗发生在播种后发芽出土前。种子尚未出土前遭受病原侵染。猝倒发生在幼苗出土后真叶尚未展开前，病苗茎基部出现水渍状病斑，变软，继而缢缩成细线状，导致幼苗地上部失去支撑能力而造成幼苗贴伏地面。湿度大时，病株附近常常长出白色棉絮状菌丝。

病苗茎基部缢缩成细线状

【防治措施】

（1）种子消毒。播种前用种子重量的 0.3% 的 65% 代森猛锌可湿性粉剂拌种。

（2）农业防治。应选用无病新土。苗床应选择地势高，地下水位低，排水良好的地块。播种要均匀，出苗后尽量不浇水，必须浇水时，可用喷雾器喷洒湿润地表，避免大水浸灌。当幼苗长到 2~3 片真叶时进行分苗，分苗时最好用育苗铲。分苗后适当控水，并进行分次覆土。

（3）药剂防治。幼苗发病后立即拔除病苗，并喷施25%甲霜灵可湿性粉剂800倍液，或用64%噁霜·锰锌可湿性粉剂500倍液，或用72.2%的可能是"霜霉威"水剂500倍液，每7~10天1次，连续2~3次。

（三）甘蓝菌核病

菌核病是甘蓝的一种重要病害，分布较广，明显影响产量和质量。

【典型症状】可为害茎基部、叶片、叶球及种荚。受害部位初呈边缘不规则的水渍状病斑，后病组织软腐，紫褐色。在潮湿环境下，病部迅速腐烂，并产生白色棉絮状菌丝体和黑色鼠粪状菌核。茎基部病斑环茎1周后致使全株枯死，病部形成黑色鼠粪状菌核。

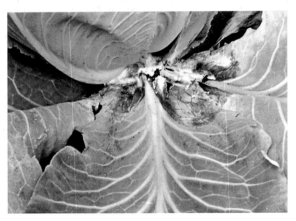

叶片基部腐烂并长出白霉

【防治措施】

（1）种子消毒。用10%食盐水或10%~20%硫酸铵液漂种，除去浮在水面的菌核和杂质，反复2~3次后再行播种。

（2）农业防治。实行轮作，最好是水旱轮作。施足底肥，增施磷、钾肥，不要偏施氮肥；加强开沟排水，使土壤适度干

根茎部发病

燥。病株立即拔除，收集菌核烧毁或深埋。

（3）药剂防治。发病初期可喷洒 50% 氯硝铵可湿性粉剂 800 倍液，或用 40% 硫黄·多菌灵悬浮剂 500 倍液，或用 70% 甲基硫菌灵可湿性粉剂 500~600 倍液，或用 50% 异菌脲可湿性粉剂 1 000~1 500 倍液，或用 50% 腐霉利可湿性粉剂 2 000 倍液，或用 40% 菌核净可湿性粉剂 500 倍液，每 10 天 1 次，连续 2~3 次，重点喷洒植株茎基部、老叶及地面。

（四）甘蓝黑根病

甘蓝黑根病又称立枯病，是甘蓝的一种重要病害，分布较广，发生较普遍，显著影响甘蓝产量和品质。

【典型症状】 主要侵染幼苗根颈部，使病部变黑、缢缩，潮湿时可见其上有少许白色霉状物。植株发病后，不久即可见叶片萎蔫、干枯，继而造成整株死亡。病苗一般定植后停止发展，但个别田仍可继续死苗。

【防治措施】

（1）种子消毒。播种前用种子重量 0.3% 的 50% 福美双拌种。

病苗

病苗根部腐烂

（2）农业防治。选择地势较高、排水良好的地块做床育苗。施用腐熟粪肥，播种不要过密，覆土不宜过厚。苗期要做好防冻保温，水分补充宜多次少洒，经常放风换气。出现病苗及时拔除。

（3）药剂防治。发病初期喷洒20%甲基立枯磷1 000倍液，或用60%多·福500倍液，或用75%百菌清600倍液，或用铜氨混剂400倍液，每7天1次，连续2~3次。

十三、花椰菜病害

（一）花椰菜霜霉病

霜霉病是花椰菜的主要病害，各地均有分布，发生普遍。

【典型症状】 主要发生在苗期、成株期叶片上。幼苗受害叶片背面出现白毛霜霉状物，正面症状不明显，严重时叶片、幼茎变黄枯死。成株期最初叶片正面出现淡绿色或黄绿色水渍状斑点，后扩大成淡黄或灰褐色，潮湿时病斑背面长有白色霜霉状物，即病原的孢囊梗和孢子囊。

叶面出现淡黄色病斑

【防治措施】

（1）种子处理。播种前用种子重量的0.3%的35%甲霜灵可湿性粉剂或50%福美双可湿性粉剂拌种。

（2）农业防治。选择抗病品种，避免与十字花科蔬菜连

叶面长出白色霉状物

作。深翻晒土，深沟高畦，沟渠畅通，雨后及时排水，严防大水漫灌，尽量降低田间湿度。

（3）药剂防治。发病初期开始喷药，特别是花球在现蕾后遇连续阴雨天气更需喷药。常用药剂可参见甘蓝霜霉病。

（二）花椰菜菌核病

【典型症状】主要为害茎基部、叶片及花球，当植株茎基部开始受害时，受害部的边缘先呈不明显的不规则水渍状褐色病斑，然后慢慢软腐，生成白色或灰白色棉絮状菌丝体，并形成黑色鼠粪状菌核，至茎基部病斑环茎一周后，全株死亡。茎基部叶片或叶柄发病，而后蔓延至茎部，茎部病斑由褐色变白色或灰白色，病茎皮层腐烂，干枯后病组织表面纤维破裂呈乱麻状，茎内中空长出白色菌丝并夹杂着黑色菌核。往往伴随着软腐细菌，发出恶臭。

【防治措施】参见青花菜菌核病。

叶片呈水渍状变褐

花球腐烂并密生白色霉状物

（三）花椰菜黑斑病

【典型症状】主要为害叶片、叶柄、花梗和种荚。该病大多发生在外叶上，温度高时病斑迅速扩大为灰褐色圆形病斑，直径5~30毫米，轮纹不明显。发病严重时，叶片上可达数十个病斑，密布叶面，叶片病斑多时，病斑汇合成大斑，或致叶片变黄早枯。茎、叶柄染病，病斑呈纵条形。受害叶片、茎、叶柄，在潮湿情况下均长出黑色霉状物。

叶片出现灰褐色圆形病斑

病斑干燥后破裂

【防治措施】 参见甘蓝黑斑病。

(四) 花椰菜病毒病

病毒病是花椰菜的一种主要病害，各地均有发生，严重影响产量和质量。

【典型症状】 主要为害叶片，出现花叶、斑驳、明脉等症状。受害叶片首先出现明脉，后发展为斑驳，叶背沿叶脉产生疣状凸起。病株发育迟缓，结球迟，叶球小且疏松。

病株发育迟缓

【防治措施】

（1）农业防治。选用抗病品种。合理轮作。采用遮阳网或无纺布被盖栽培技术，增施有机肥，高温干旱季节勤浇水和防治蚜虫，控制病害发生与传播。喷施复合叶面肥，抑制发病，增强植株抗病能力。此外，还要积极防治蚜虫。

（2）药剂防治。花椰菜发病初期选用20%吗胍·乙酸铜可湿性粉剂1 000倍液，或用40%烯·羟·吗啉胍可溶性粉剂1 000倍液，或用95%三氮唑核苷700倍液均匀喷雾。每10天1次，连续2~3次。

十四、萝卜病害

（一）萝卜黑斑病

黑斑病是萝卜的一种普通病害，各地均有分布，严重时病株率可达80%~100%。

叶脉变色

【典型症状】 主要为害叶片，病叶先出现黑褐色稍隆起的小圆斑，后扩大到直径 3~6 毫米，病斑边缘为苍白色，中间淡褐至灰褐色，湿度大时病斑上生有淡黑色霉状物。病部发脆易破碎，发病重时病斑汇合引起叶片局部枯死。采种株叶、茎和荚均可发病，茎及花梗上病斑多为黑褐色椭圆形。

叶片发病

病斑上长出淡黑色霉状物

【防治措施】

（1）种子消毒。播种前用种子用量 0.4% 的 50% 福美双可湿性粉剂，或用 50% 异菌脲可湿性粉剂拌种。

（2）农业防治。实行轮作。收获后及时翻晒土地，清洁田园，减少田间菌源。

（3）药剂防治。发病前或发病初期喷洒 75% 百菌清可湿性粉剂 500~600 倍液，或用 50% 异菌脲可湿性粉剂 1 000 倍液，或用 50% 腐霉利可湿性粉剂 1 500 倍液，或用 58% 甲霜·锰锌可湿性粉剂 500 倍液，或用 64% 噁霜·锰锌可湿性粉剂 500 倍液，或用 40% 灭菌丹可湿性粉剂 600 倍液，或用 80% 代森锰锌可湿性粉剂 600 倍液，每 7~10 天 1 次，连续 3~4 次。

（二）萝卜霜霉病

霜霉病是萝卜的一种主要病害，造成产量和品质严重下降。

【典型症状】全生育期均可发病，主要为害叶片。发病初期，叶片上长出淡绿色水渍状小斑点，扩大后病斑因受叶脉限制形呈多角形或不规则形，直径 3~7 毫米，淡黄色至黄褐色。湿度大时，叶背或叶两面长出白霉，叶背的白霉更加浓密。病斑连片可引起叶片干枯。叶缘上卷是其重要的特征。

叶面症状

叶背症状

【防治措施】

（1）种子消毒。播种前可用种子重量 0.4% 的 50% 福美双可湿性粉剂或 75% 百菌清可湿性粉剂拌种。

（2）农业防治。与非十字花科作物隔年轮作。苗床注意通风透光，不用低湿地作苗床；低湿地采取高畦垄作。

（3）药剂防治。发病初期或出现中心病株时，应立即喷药保护，药剂可选用 64% 噁霜·锰锌可湿性粉剂 500 倍液，或用 58% 甲霜灵可湿性粉剂 500 倍液，或用 72% 霜脲·锰锌可湿性粉剂 750 倍液。喷药后天气干燥，可不必再喷药，如阴天、多雾、多露，应隔 5~7 天再继续喷药 1~2 次。药剂应轮换使用。

（三）萝卜褐腐病

褐腐病是萝卜的一种普通病害，一般零星发生，严重时发病率可达 30%~40%，引起成株死苗、烂株、烂根，显著影响产量和质量。

【**典型症状**】各生育期都会发病。幼苗发病，主要为害根茎部，开始时形成水渍状小斑，之后病部缢缩，灰白色至灰褐色，菜苗从下而上萎蔫死亡。成株期发病，多从下部叶缘或叶柄发病，形成水渍状小斑，浅灰色，渐发展成半圆形或近圆形坏死斑，灰褐色至暗褐色，边缘颜色较浅。随着其病情发展，病部逐渐褐腐，在病组织表面产生灰褐色至黄褐色小斑，很快扩大成不规则的坏死斑，边缘黄褐色，中央暗褐色，病部组织溃烂开裂、坏死腐烂。

病部组织溃烂开裂、坏死腐烂

【**防治措施**】

（1）农业防治。春季栽培的宜选择生长前期对低温不太敏感的品种，适期播种，不宜过早或过迟。

块茎发病

（2）药剂防治。发病初期喷洒 20%甲基立枯磷乳油 1 200 倍液，或用 5%井冈霉素水剂 1 500 倍液，或用 15%噁霉灵水剂 450 倍液，或用 72.2%霜霉威水剂 800 倍液加 50%福美双可湿性粉剂 800 倍液。

（四）萝卜拟黑斑病

【典型症状】叶片上的病斑为圆形至椭圆形，黑褐色，直径 2~5 毫米，有同心轮纹，湿度大时病部生有黑灰色霉状物。

叶片长出黑褐色小斑

【防治措施】

（1）种子消毒。播种前用种子重量 0.4%的 50%异菌脲可湿性粉剂或 75%百菌清可湿性粉剂拌种。

（2）农业防治。实行轮作，施用腐熟的堆肥，加强田间管理。收获后及时翻晒土地清洁田园。

（3）药剂防治。发病前或发病初期喷洒 50%异菌脲可湿性粉剂 1 000 倍液，或用 75%百菌清可湿性粉剂 500～600 倍液，或用 64%噁霜·锰锌可湿性粉剂 500 倍液，或用 75%百菌清可湿性粉剂 500 倍液，或用 68%精甲霜·锰锌水分散粒剂 300 倍液，或用 40%灭菌丹可湿性粉剂 400 倍液，每 7～10 天 1 次，连续 3～4 次。

（五）萝卜白斑病

【典型症状】 主要为害叶片，发病初期叶片散生灰白色圆形斑，扩大后呈浅灰色圆形至近圆形，直径 2～6 毫米，斑周缘有浓绿色晕圈，严重时病斑连成片，引起叶片枯死。

叶片出现灰白色小圆斑

【防治措施】

（1）农业防治。实行 3 年以上轮作。选用抗病品种。注意平整土地，减少田间积水。适期播种，增施基肥。

（2）药剂防治。发病初期喷洒25%多菌灵可湿性粉剂400~500倍液，或用65%甲霉灵可湿性粉剂1 000倍液，或用50%甲基硫菌灵可湿性粉剂500倍液，或用50%苯菌灵可湿性粉剂1 500倍液，每15天1次，连续2~3次。

（六）萝卜炭疽病

【典型症状】叶片发病，初生针尖大小的水渍状小斑点，后逐渐扩大成直径为2~3毫米的褐色小斑，小斑间相互融合形成深褐色大病斑，叶片病斑会开裂或穿孔，引起叶片黄枯。茎和荚发病，病斑近圆形或梭形，稍凹陷。湿度大时病部可产生淡红色黏质物。

叶柄出现梭形病斑

【防治措施】

（1）种子消毒。50℃温水浸种20分钟后移入冷水中冷却，晾干后播种。

（2）药剂防治。发病初期喷洒50%甲基硫菌灵或50%多菌灵可湿性粉剂500倍液，或用25%苯菌灵可湿性粉剂600~700倍液，或用50%硫黄·多菌灵悬浮剂600~700倍液，或用2%嘧啶核苷类抗生素水剂150倍液，或用2%武夷菌素水剂150~200倍液，每7天1次，连续2~3次。

病斑凹陷、开裂

十五、芹菜病害

（一）芹菜斑枯病

芹菜斑枯病又称晚疫病、叶枯病，俗称火龙，是芹菜的一种主要病害，各地均有分布。引起生长期落叶和贮藏期腐烂，损失很大，是制约芹菜优质安全生产的关键因素之一。

【典型症状】 主要为害叶片，根据病斑大小可分为大斑型和小斑型。华南地区只发生大斑型，东北地区则以小斑型为主。大斑型先发生在老叶上，再向新叶上扩展。叶上病斑圆形，初为淡黄色油浸状斑，后变为淡褐色或褐色，边缘明显，病斑上散生少数小黑点，即为分生孢子器。为害严重时，全株叶片变为褐色干枯状。茎及叶柄受害，病斑均呈长圆形，稍凹陷，中央密生黑色小粒点。小斑型病斑中央黄白色或灰白色，边缘聚生有很多黑色小粒点，病斑边缘黄色，大小不等。叶柄或茎部上的病斑为褐色，长圆形稍凹陷，中部散生黑色小点。

田间发病状

病叶正面症状

【防治措施】

（1）种子消毒。可采用 48～50℃温水浸种 30 分钟，再在冷水中浸 20 分钟，晾干后播种。

（2）农业防治。重病田与其他蔬菜实行 2～3 年轮作。施足底肥外，应及时追肥，防止缺肥。防止大水漫灌，雨后应注意排水，保护地栽培要注意降温排湿，白天控温 15～20℃，高于 20℃要及时放风，夜间控制在 10～15℃，缩小日夜温差，减少结露，切忌大水漫灌。发病初期应摘除病叶和底部老叶，收获后清除病残体，并进行深翻。

（3）药剂防治。发病初期及时喷药防治，药剂可选用10％苯醚甲环唑水分散粒剂900～1 300倍液，或用75％百菌清可湿性粉剂600倍液，或用60％琥铜·乙膦铝可湿性粉剂500倍液，或用64％噁霜·锰锌可湿性粉剂500倍液，或用40％硫磺·多菌灵悬浮剂500倍液，每7～10天1次，连续2～3次。保护地栽培的，每亩可用45％百菌清烟剂200～250克熏治。

（二）芹菜叶斑病

芹菜叶斑病又称早疫病、斑点病，是芹菜的一种主要病害，各地普遍发生，严重地块减产30％～50％。

【典型症状】 主要为害叶片，也可为害叶柄和茎。叶缘先发病，逐步蔓延到整个叶片。病斑初为黄绿色水渍状小点，后扩展成近圆形或不规则灰褐色坏死斑，边缘不明显，呈深褐色，不受叶脉限制。空气湿度大时病斑上产生灰白色霉层，即病原分生孢子梗和分生孢子，严重时病斑扩大成斑块，最终导致叶片变黄枯死。茎或叶柄受害时，病斑椭圆形，开始时为黄色，逐渐变成灰褐色凹陷，茎秆开裂，后缢缩、倒伏。温度高时亦产生灰白色霉层。

叶面症状

【防治措施】

（1）种子消毒。播种前用48℃温水浸种30分钟，捞出后晒干再播种。

（2）农业防治。实行轮作可有效减轻病害。浇水时勿大水漫灌，发病后要控制浇水量。棚室内湿度大时，要适当通风排湿；白天温度控制在15~20℃，夜间温度控制在10~15℃，以减少叶面结露。随时摘除病叶，带出田外烧毁或深埋，以减少病原，控制病害蔓延。

（3）药剂防治。发病前可喷洒2%嘧啶核苷类抗菌素水剂150倍液，每7天1次，连续3~4次。发病初期及时喷药防治，常用药剂有10%苯醚甲环唑水分散粒剂480~600倍液，或用50%灭菌灵可湿性粉剂800倍液，或用50%异菌·福美双可湿性粉剂600~800倍液，或用50%异菌脲可湿性粉剂500~600倍液，或用50%多菌灵可湿性粉剂800倍液，或用50%甲基硫菌灵可湿性粉剂500倍液，或用77%氢氧化铜可湿性粉剂500倍液，每7天1次，连续3~4次。保护地栽培的，每亩可用5%百菌清粉尘剂1千克喷撒，或用45%百菌清烟剂200克熏治，每9天左右1次，连续2~3次。10%苯醚甲环唑水分散粒剂750~850倍液。

（三）芹菜灰霉病

灰霉病是保护地栽培芹菜的一种重要病害，病田病株率一般为20%左右，严重时病株率可达50%以上，对生产有一定的影响。

【典型症状】 芹菜心叶或下部叶片、叶柄或枯黄外叶先发病，发病初期为水渍状，后期病部软化、腐烂或萎蔫，病部长出灰色霉层。

【防治措施】

（1）农业防治。种植芹菜密度不宜过大。及时摘除病叶、病茎。清除病苗，发现灰霉病病苗要及时拔除。晴天上午稍晚

叶柄发病

叶片发病

放风，当棚温升至 33℃ 时开始放风，当棚温降至 20℃ 时关闭通风口，以减缓夜间棚温下降。阴天打开通风口换气。浇水宜在上午进行，发病初期应适当节制浇水。

（2）药剂防治。发病初期喷洒 50% 的腐霉利可湿性粉剂 1 500 倍液，或用 65% 甲硫·乙霉威可湿性粉剂 1 000 倍液，或 50% 克菌丹可湿性粉剂 1 000 倍液，或用 50% 异菌脲可湿性粉剂 1 500 倍液，或用 50% 乙烯菌核利可湿性粉剂 1 500 倍液，每 7~10 天 1 次，共 3~4 次；保护地栽培的，每亩可用 15% 的腐

病株

霉利烟剂 200 克，或用 45% 百菌清烟剂 250 克熏治，隔 7~8 天再熏 1 次。

（四）芹菜菌核病

芹菜菌核病是芹菜保护地栽培中的一种主要病害，可引起全株腐烂，对产量有一定影响。

【典型症状】为害芹菜茎、叶。病害常先在叶部发生，形成暗绿色病斑，潮湿时表面生白色菌丝层，后向下蔓延，引起叶柄及茎发病。病处初为褐色水渍状，后形成软腐或全株溃烂，表面生浓密的白霉，最后形成鼠粪粪菌核。

【防治措施】

（1）种子消毒。种子消毒可用 10% 盐水洗种，再用清水反复洗种子几次，晾干后再播种。

（2）农业防治。从无病地或无病株上采种。轮作倒茬，可与葱蒜类实行轮作。用无病土培育壮苗，增施磷、钾肥。深翻土地，采用地膜覆盖栽培。保护地注意通风降湿，及时清除病株。棚室内湿度达到 85% 以上时，棚温可控制在 22~25℃，如果湿度不大，棚温可控制在芹菜生长最适宜的 15~20℃温度范

茎基部密生白色菌丝

叶柄发病

围内；棚内夜温不要超过 15℃。棚室内杜绝大水漫灌，更不要造成畦内积水。

（3）药剂防治。发病初期及时喷药防治，药剂可选用40%菌核净可湿性粉剂 1 000 倍液，或用 50%腐霉利可湿性粉剂1 000~1 500 倍液，或用 70%甲基硫菌灵可湿性粉剂 1 000~1 500倍液，或用 50%多菌灵可湿性粉剂 500 倍液，每 7~8 天1 次，连续 2~3 次。保护地栽培的，也可每亩用 10%腐霉利烟剂或 45% 百菌清烟剂 250 克熏一夜。

（五）芹菜黑腐病

芹菜黑腐病又称基腐病，病田一般减产 10%，重者可达 30%。

【典型症状】 主要发生在近地面芹菜根茎部和叶柄基部。发病初期病部呈灰褐色，扩展后变成暗绿色至黑褐色。

茎基部变黑腐烂

严重时受害部位变黑腐烂，腐烂处一般不向上、下扩展，病部常生出许多小黑点。

【防治措施】

（1）种子消毒。用 48℃ 温水浸 20~30 分钟移入冷水中冷却，捞出晾干再播种。

（2）农业防治。选用抗病品种，如冬芹、美芹、文图拉芹、上海大芹等品种较抗病。实行 2~3 年轮作，最好水旱轮作。采用高畦栽培，开好排水沟，避免畦沟积水，勤浇浅灌，防止大水漫灌及雨后田间积水，避免田间湿度过高。采用遮阳网覆盖。合理施肥，增施磷、钾肥，避免偏施多施氮肥。合理密植，田间芹菜株距保持 5~7 厘米较适宜。及时清除田间病

根部发病

茎基部发病

株及病残体。

（3）药剂防治。发病初期喷洒 56% 氧化亚铜水分散粒剂
800~1 000 倍液，或用 36% 甲基硫菌灵悬浮剂 500 倍液，或用
50% 多菌灵可湿性粉剂 600 倍液，或用 50% 苯菌灵可湿性粉剂
1 500 倍液，或用 30% 氧氯化铜悬浮剂 800 倍液，或用 30% 碱
式硫酸铜悬浮剂 400 倍液，或用 40% 百菌清悬浮剂 600 倍液，
每 7~10 天 1 次，连续 2~3 次。施药时应注意将药液喷在植株

基部。

（六）芹菜叶点病

叶点病是保护地栽培芹菜的一种主要病害。

【**典型症状**】 主要为害叶片。老叶发病多始于叶尖或叶缘，发病初期先出现水渍状褪绿小斑点，后逐渐扩大成不规则形或半圆形大斑，中间灰白色，边缘青褐色，不明显。

叶片发病

湿度大时，病斑背面长出子实体，后期病斑上密集黑色小粒点。严重时病斑连片，引起叶片干枯。

【**防治措施**】

（1）农业防治。实行2~3年轮作。选用耐病品种，采用高畦栽培，开好排水沟，避免畦沟积水；采用遮阳网覆盖。

（2）药剂防治。发病初期喷药防治，常用药剂有56%氧化亚铜水分散粒剂800~1 000倍液，或用36%甲基硫菌灵悬浮剂500倍液，或用50%多菌灵可湿性粉剂600倍液，或用60%多菌灵可湿性粉剂800~900倍液，或用50%苯菌灵可湿性粉剂1 500倍液，或用30%氧氯化铜悬浮剂800倍液，或用30%碱式硫酸铜悬浮剂400倍液，每7~10天1次，连续2~3次。

（七）芹菜黑斑病

芹菜黑斑病又称假黑斑病，是芹菜的一种普通病害。病株率10%~20%，对生产无明显影响；严重发病地块发病率可达60%以上，对生产有一定的影响。

【典型症状】　主要为害叶片。叶片发病初期，出现水渍状浅褐色小斑点，后发展成近圆形坏死病斑，黄褐色至深褐色，边缘的颜色较深，清晰，病斑大小6~8毫米。病斑易开裂破碎，空气潮湿时中部产生稀疏的黑霉。

叶片出现水渍状病斑

【防治措施】

（1）农业防治。定植初期闷棚时间不宜过长，防止棚内湿度过大温度过高。

（2）药剂防治。发病初期及时喷洒80%代森锰锌可湿性粉剂600倍液，或用50%异菌脲可湿性粉剂1 000倍液，或用64%噁霜·锰锌可湿性粉剂500倍液，每10天左右1次，连续3~4次。保护地栽培的，在发病前或发病初期，每亩可用45%百菌清烟剂或10%腐霉利烟剂200~250克熏治，每7天1次，连续3次，或每亩喷洒5%百菌清粉剂1千克，每10天1

病斑上长出稀疏的黑霉

次，连续 2~3 次。

十六、菠菜病害

（一）菠菜霜霉病

霜霉病是菠菜的一种主要病害，各地均有分布。病株率 10%~30%，严重时病株率可达 60% 以上，显著影响产量和质量。

【典型症状】主要为害叶片。受害部位初为淡绿色水渍状圆形小点，边缘不明显，渐发展为较大的黄色圆形病斑；后期扩大呈不规则形，叶背病斑上产生灰白色霉层，再变为紫灰色；病斑从植株下部向上发展，干旱时病叶枯黄，潮湿时腐烂。系统侵染的病株易呈萎缩状，叶背有大量紫灰色霉层；严重时一片叶上病斑多达数十个，全叶枯黄。

【防治措施】

（1）农业防治。早春在菠菜田内发现系统侵染的萎缩株，

叶面症状

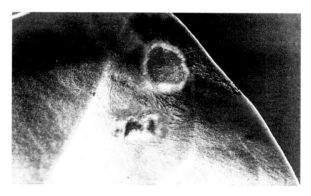

叶背症状

要及时拔除。重病区应实行 2~3 年轮作。加强栽培管理，做到密度适当，科学灌水。

（2）药剂防治。发病初期喷洒 72%霜脲·锰锌可湿性粉剂 800~1 000 倍液，或用 64%烯酰·锰锌可湿性粉剂 1 000 倍液，或用 50%烯酰吗啉可湿性粉剂 3 000 倍液，或用 58%甲霜·锰锌可湿性粉剂 800 倍液，或用 72.2%霜霉威水剂 800 倍液，每 7~10 天 1 次，连续 2~3 次。保护地栽培的，也可每亩喷施 5%百菌清粉尘 1 千克，或用 45%百菌清烟剂 200 克熏治，每 7 天熏 1 次，连续 3~6 次。

（二）菠菜炭疽病

炭疽病是菠菜的一种主要病害，各地均有分布。露地发病较重，病田发病株率 20% 左右，严重时发病率可达 40% 以上，明显影响菠菜的产量。

【典型症状】 主要为害叶片及茎。叶片发病，先出现淡黄色污点，后渐扩大成圆形或椭圆形病斑，灰褐色，有轮纹，病斑中央有小黑点。采种株发病，主要发生于茎部，病斑梭形或纺锤形，密生黑色轮纹状排列的小粒点。

叶片发病

【防治措施】

（1）种子消毒。播种前用 52℃ 温水浸种 20 分钟，然后移入冷水中冷却，晾干后再播种。

（2）农业防治。实行 3 年以上轮作。做到合理密植，避免大水漫灌。适时追肥，注意氮、磷、钾配合。

清洁田园，及时清除病残体，携出田外烧毁或深埋。

（3）药剂防治。发病初期可喷洒 50% 溴菌清可湿性粉剂 500 倍液，或用 50% 多菌灵可湿性粉剂 700 倍液，或用 40% 硫黄·多菌灵悬浮剂 600 倍液，或用 80% 福·福锌可湿性粉剂 800 倍液，每 7~10 天 1 次，连续 3~4 次。保护地栽培的，每亩可用 6.5% 甲霉灵超细粉尘 1 千克喷粉防治。

（三）菠菜斑点病

菠菜斑点病又称叶霉病，是保护地菠菜的一种主要病害，严重影响菠菜的品质和产量。

【**典型症状**】 主要侵害叶片。叶片上初呈褐色圆形斑，中央淡褐色，略凹陷；病斑边缘褐色，稍隆起，直径约 4 毫米；病斑上可长出黑褐色霉层。

病斑边缘褐色，稍隆起

【**防治措施**】

（1）农业防治。合理密植，适量灌水，雨后及时排水。收获后及时清除病残体，集中烧毁或深埋。

（2）药剂防治。发病初期喷药防治，常用药剂有 36% 甲基硫菌灵悬浮剂，或用 50% 硫黄·甲硫灵悬浮剂 500 倍液，或用 40% 硫黄·多菌灵悬浮剂 600 倍液。

(四) 菠菜心腐病

心腐病是菠菜的一种重要病害，各地均有发生。发生严重时病株率可达 20%，影响菠菜的产量和质量。

【典型症状】 主要为害菠菜的茎基部，叶、茎和根均可受害。带菌种子发芽后，未出土即可发病，出土后幼苗茎基变褐、缢缩、引致猝倒或腐烂，造成缺苗断垄。大苗发病，根茎处变褐，缢缩，植株外叶黄化，心叶坏死，或半边黄化半边坏死，最后腐烂。发病后病茎基部产生不明显的小黑点。

病株腐烂

【防治措施】

（1）种子消毒。播种前用 52℃温水浸种 30 分钟，也可用种子重量 0.3% 的 50% 异菌脲可湿性粉剂拌种。

（2）农业防治。选择排灌方便的壤土种植，施用充分腐熟的有机肥。适时浇水、施肥，及时拔除初期病苗；防止大水漫灌，控制病虫害发生。

（五）菠菜猝倒病

猝倒病是早春播种菠菜的一种主要病害。

【**典型症状**】幼苗茎基部呈水渍状，浅褐色，后发生基腐，幼苗尚未凋萎已猝倒，不久全株枯萎死亡。

病株茎基部缢缩

【**防治措施**】播种前用种子重量 0.2% 的 40% 粉剂拌种双拌种，或用种子重量 0.2%～0.3% 的 75% 百菌清可湿性粉剂，或用 60% 多菌灵可湿性粉剂拌种。发病初期可喷洒 25% 甲霜灵可湿性粉剂 800 倍液。

十七、生菜病害

（一）生菜灰霉病

灰霉病是生菜的一种主要病害，各地均有分布。

【**典型症状**】多近地面的叶片或茎开始发病，逐渐向上发展，可以引起全株萎蔫死亡，最后呈腐烂状。叶柄基部开始呈水渍状，红褐色，后基部腐烂，引起上部叶片萎蔫；根茎发病开始呈水渍状，并向四周扩展，引起茎部腐烂。叶片发病开始呈水渍状，黄褐色，病斑上生出灰褐或灰绿色霉层，有时有轮纹。

叶片出现水渍状病斑

病斑上密生灰色霉状物

发病后期

【防治措施】　参见莴笋灰霉病。

（二）生菜菌核病

菌核病是生菜的一种主要病害，各地均有分布，尤以长江流域及南方沿海各省比较严重，重病者可成片枯死或腐烂。

【典型症状】　主要为害茎基部，发病部位开始为水渍状，黄褐色，逐渐发展到整个茎基部，发褐，腐烂，植株烂掉。潮

茎基部呈湿腐状

病部长出白色菌丝

湿时，病部产生浓密的白色絮状的菌丝团，后期菌丝体交织成白色颗粒，白色颗粒逐渐变成不规则的鼠粪状菌核。

【防治措施】 参见莴笋菌核病。

（三） 生菜褐腐病

褐腐病是生菜的一种要病害，各地均有发生，以露地栽培发病较重，可以造成较大的损失。

【典型症状】 一般是在生长的中后期发生。发病始于植株下部的茎基部，发病组织呈黄褐色，水渍状，并渐沿叶柄向上发展，使整个外叶发褐腐烂。湿度大时，外叶褐色软腐，茎基部和叶柄产生淡淡的灰白色蛛丝状菌丝。空气干燥时，病株浅褐色。定植后发病，植株生长衰弱，根部发育不良，侧根很少，植株呈黄萎状。

病组织呈黄褐色水渍状

【防治措施】

（1） 种子处理。播种前用种子重量 0.4% 的 40% 可湿性粉剂拌种双，或 50% 百菌灵可湿性粉剂拌种。

（2） 农业防治。夏秋季种植，采用遮阳网遮阴降温。避开高温多雨季节采收。

茎基部腐烂

（3）药剂防治。发病初期喷洒 50%异菌脲可湿性粉剂 1 200 倍液，或用 50%乙烯菌核利可湿性粉剂 1 500 倍液，或用 2%嘧啶核苷类抗生素水剂 200 倍液，或用 80%代森锰锌可湿性粉剂 800 倍液，或用 75%百菌清可湿性粉剂 600 倍液，每 10~15 天 1 次，视病情连续 1~3 次。保护地栽培的，也可每亩喷撒 5%百菌清粉尘剂 1 千克，每 7~9 天 1 次，连续 3~4 次。

（四）生菜软腐病

【典型症状】 软腐病主要发生于生菜生长的中后期，以基部的叶片发病较多。病原主要从植株基部叶片的伤口侵入，发病叶片初呈水渍状，后变褐，软腐，叶片腐烂。发病植株白天萎蔫，傍晚恢复正常，严重时不能恢复。病原侵染很快，最后茎部腐烂死亡，发出恶臭气味。在干燥条件下，腐烂的病叶失水变干呈薄纸状。

【防治措施】 参见莴笋软腐病。

（五）生菜叶缘坏死病

生菜叶缘坏死病又称细菌性斑点病、根腐病。

【典型症状】 主要为害叶片。叶缘先发病，发病初期病部

病株呈水渍状变软

病株变软腐烂

呈水渍状，后期变干呈薄纸状，叶缘病斑宽 0.5～1.5 厘米，叶片其他部分现红褐色斑点，有的数个病斑连片，有的全株迅速干枯或落叶。

【防治措施】

（1）农业防治。与百合科蔬菜进行轮作。配方施肥，实行畦作或高垄栽培，采用地膜覆盖；避免或减少病株与健株接触。田间可采用遮阳网，降低田间温度，切忌温度过高。

（2）药剂防治。发病初期喷洒 47% 春雷·王铜可湿性粉剂 1 000 倍液，或用 30% 碱式硫酸铜悬浮剂 400 倍液，每 10天 1 次，连续 2~3 次。

十八、葱类病害

（一）葱锈病

葱锈病是葱的一种主要病害，各地均有分布，以秋季发病最重，导致葱叶提早枯死，产量下降，严重时绝收。

【典型症状】主要发生在葱叶上。发病初期叶片上出现零星白色突起的小泡点，后发展成圆形、椭圆形或梭形小斑，直径 2~5 毫米，颜色白转黄，表皮开裂。裂开的表皮下有橙黄色粉末，即孢子。秋末及冬季发生的病斑，由白色转为黑褐色，表皮裂开后散出紫褐色粉末，即冬孢子。严重时葱叶上布满病斑破裂后留下的疤痕，易枯死和腐烂。

叶片发病初期

病斑表皮开裂

【防治措施】

（1）农业防治。提高土壤肥力，多施磷、钾肥，增强植株的抗病能力。发病重的田块，应提前收获，并避免在附近种植葱蒜类蔬菜。大棚栽培要注意保温除湿。

（2）药剂防治。发病初期应及时喷洒 25%三唑酮乳油 800 倍液，或用 12.5%烯唑醇可湿性粉剂 1 500 倍液，每 10 天喷药 1 次，连续 2~3 次。

（二）葱白色疫病

【典型症状】病株叶鞘、叶身出现周边不明显的油渍状暗绿色病斑，逐渐扩大至 5~10 厘米的大型油浸状青白色大病斑。病斑中央白色至灰白色，病斑扩展至叶端逐渐干枯下垂。

【防治措施】

（1）农业防治。发病地 2~3 年内不宜种植葱蒜类蔬菜。收获后注意清除病残体，集中深埋或烧毁。采用高畦或起垄栽培，及时中耕培土，尽量避免葱秧与水接触。少追施速效氮，以增强植株抗病性。

（2）药剂防治。发病初期喷或 60%琥铜·乙膦铝可湿性粉剂 500 倍液，或用 72%霜脲·锰锌可湿性粉剂 800 倍液，每 10 天 1 次，连续 1~2 次。

病叶 病叶

（三）葱霜霉病

霜霉病是葱类蔬菜的一种重要病害，各地均有发生，大发生年份常造成叶片大面积干枯死亡，可引起30%~50%减产。

【**典型症状**】 发病始于外叶中部或叶尖，很快向上、向下、向心叶发展。鳞茎受害后长出的病叶为灰绿色，发病严重的叶片扭曲畸形、枯黄矮缩、变肥增厚。湿度大时病株表面遍生灰白色绒霉，无明显单个病斑，这是该病的重要特征，也是鉴别该病的重要依据。中上部叶片受害时，在干旱的情况下，病部以上组织逐渐干枯下垂，易从病部折断枯死。在潮湿的情况下，病叶易腐烂。遇上风雨时，发病的叶片便掉落到根际上面，干燥后皱缩扭曲。中下部叶片发病时，病部上方叶片下垂干枯，病害迅速蔓延，叶片似开水烫伤，随后枯黄凋萎。假茎早期发病后，其上部生长不平衡，致使植株向被害一侧弯曲。假茎晚期发病后，病部易开裂，严重影响种子成熟。

病叶无明显单个病斑

病叶

【防治措施】

（1）种子消毒。播种前用 50℃温水浸种 25 分钟，待种子冷却后晾干再播种。也可用种子重量 0.3%~0.4%的 50%福美双可湿性粉剂拌种。

（2）农业防治。重病地与非葱类蔬菜实行 2~3 年轮作。

选择地势高燥，易排水的地块种植，低洼地要实行高畦或高垄栽培。多施腐熟有机肥作底肥，及时追肥，适量灌水，雨后排水。及时清除田间残体。

（3）药剂防治。一般可在4月上旬喷洒75%百菌清可湿性粉剂600倍液，或用70%代森锰锌可湿性粉剂600倍液，预防病害的发生。发病初期可喷洒50%烯酰·锰锌可湿性粉剂1 000倍液，或用72.2%霜霉威水剂800倍液，或用72%霜脲·锰锌可湿性粉剂600倍液，或用68%精甲霜·锰锌水分散粒剂300倍液，或用64%噁霜·锰锌可湿性粉剂500倍液，或用80%三乙膦酸铝可湿性粉剂400倍液。每5~7天1次，连续3~4次。

（四）葱疫病

葱疫病为葱的普通病害，分布较广，发病重时造成局部或较大面积葱坏死腐烂。

【**典型症状**】 主要为害叶片，病部初呈暗绿色水渍状斑，温湿条件适宜时，病斑迅速扩展，重病田枯死部位常达葱管长的一半，甚至2/3。当病斑扩展到叶片的一半时，呈湿腐状，并导致葱叶下垂。受害部位黄化干枯，只残留两层膜状表皮。

葱叶下垂

茎部受害后，根盘处呈水渍状浅褐色至暗绿色腐烂。根部受害，根毛少，变褐腐烂。湿度大时病部可长出白色稀疏霉层。

田间症状

【防治措施】

（1）农业防治。与非葱蒜作物实行 2 年以上的轮作。田间应彻底清除病残体，减少田间菌源。在排水良好的地块栽植，采用深沟高畦。雨后及时排水，做到合理密植，通风良好。采用配方施肥，增强作物抗病力。

（2）药剂防治。发病初期喷施 58% 甲霜·锰锌可湿粉 500 倍液，或用 72.2% 霜霉威水剂 700 倍液，每 7～10 天 1 次，连续 2～3 次。

（五）葱紫斑病

葱紫斑病是葱类的一种主要病害，各地均有分布。

【典型症状】 主要侵害叶和花梗。发病初期呈水渍状白色点斑，病斑迅速扩大形成宽 1～3 厘米、长 2～4 厘米纺锤形的凹陷斑，先为淡褐色，随后变为褐色至青紫色，周围具有黄色晕圈。此后有的逐渐褪色并形成同心轮纹，湿度大时斑面上产生黑褐色煤粉状霉。如病斑围绕叶或花梗扩大，可使之从病斑处折断。

叶片出现淡褐色凹陷斑

病斑变为青紫色

【防治措施】

（1）种子消毒。播种前可用种子重量的 0.4% 的 50% 福美双可湿性粉剂或 50% 多菌灵可湿性粉剂拌种。

（2）农业防治。实行 2 年以上轮作。施足基肥，加强田间管理。积极防治蓟马等刺吸式害虫。

（3）药剂防治。发病初期喷洒 75% 百菌清可湿性粉剂

500~600 倍液，或用 64% 噁霜·锰锌可湿性粉剂 500 倍液，或用 58% 甲霜·锰锌可湿性粉剂 500 倍液，每 7~10 天 1 次，连续 3~4 次。10% 苯醚甲环唑水分散粒剂稀释 750~1 000 倍液。

（六）葱黑斑病

【典型症状】主要为害叶和花茎。叶片发病，病斑初为黄白色，长圆形，后迅速向上下扩展，颜色变为黑褐色，边缘具黄色晕圈，病斑上略有轮纹。后期病斑上长出浓密的黑短绒层，病情严重时叶片变黄枯死。

叶片出现长圆形病斑

【防治措施】

（1）农业防治。重病田最好与禾本科作物进行 3 年以上轮作。田间的枯株落叶要清理干净。育苗期要清理病苗、弱苗。定植后在发病前及时摘除老叶、病叶，拔除病株。施用充分腐熟的有机肥，避免偏施氮肥。高温季节不可大水漫灌。

（2）药剂防治。发病初期喷洒 50% 异菌脲可湿性粉剂 1 500 倍液，或用 64% 噁霜·锰锌可湿性粉剂 500 倍液，或用 75% 百菌清可湿性粉剂 600 倍液，每 10 天 1 次，连续 2~3 次。

第二部分　蔬菜的虫害

一、棉铃虫

棉铃虫又叫棉铃实夜蛾，属鳞翅目夜蛾科。为害番茄、茄子、甘蓝、白菜、南瓜等蔬菜及棉、麦、豆、烟草等农作物。

【为害特点】全国各地均有发生，以幼虫蛀食番茄植株的蕾、花、果，偶也蛀茎，并且食害嫩茎、叶和芽。但主要为害形式是蛀果，是番茄的主要害虫。蕾受害后，苞叶张开，变成黄绿色，2~3天后脱落。幼果常被吃空或引起腐烂而脱落，成果被蛀食部分果肉，蛀孔多在蒂部，雨水、病菌易侵入引起腐烂、脱落，造成严重减产。

棉铃虫为害番茄果实

【形态特征】成虫体长14~18毫米，翅展30~38毫米，灰褐色。前翅具褐色环状纹及肾形纹。后翅黄白色或淡褐色，端区褐色或黑色。卵约0.5毫米，半球形，乳白色，具纵横网格。

老熟幼虫体长 30~42 毫米，体色变化很大，由淡绿、淡红、红褐乃至黑紫色，常见为绿色型及红褐色型。头部黄褐色，体表布满小刺，其底座纹较大。蛹长 17~21 毫米，黄褐色。腹部第 5~7 节的背面和腹面有 7~8 排半圆形刻点，臀刺钩 2 根。

【防治方法】

（1）农业防治。压低虫口密度，在产卵盛期结合整枝打杈，抹去嫩叶、嫩头上的卵，可有效减少卵量，同时要注意及时摘除虫果，以压低虫口。在菜田种植玉米诱集带，能减少田间棉铃虫的产卵量，但应注意选用生育期与棉铃虫成虫产卵期吻合的玉米品种。冬耕冬灌，可消灭越冬蛹。

（2）物理防治。诱杀成虫，可以结合使用杨树枝把、性诱剂等诱杀成虫，有条件的地区可使用高压汞灯或频振式杀虫灯诱杀。

（3）生物防治。在二代棉铃虫卵高峰后 3~4 天及 6~8 天，连续两次喷洒细菌性杀虫剂 B. t. 乳剂、HD-1 等苏云金芽孢杆菌制剂或棉铃虫核型多角体病毒，可使幼虫大量染病死亡。

（4）药剂防治。关键是要抓住孵化盛期至 2 龄盛期，即幼虫尚未蛀入果内的时期施药，可选用 21%增效氰·马乳油 2 000~3 000 倍液，或用 2.5%三氟氯氰菊酯乳油 2 000~3 000 倍液，或用 2.5%联苯菊酯乳油 800~1 500 倍液，或用 20%虫酰肼悬浮剂 800~1 500 倍液，或用 15%茚虫威悬浮剂 3 000~4 000 倍液，或用 5%氯虫苯甲酰胺悬浮剂 800~1 500 倍液，或用 20%氟虫双酰胺水分散粒剂 3 000~4 000 倍液，或用 1.2%烟碱·苦参碱乳油 1 000~1 500 倍液等。以上药剂要轮换使用，以提高防治效果。

二、烟青虫

烟青虫别名烟夜蛾、烟实夜蛾。属鳞翅目，夜蛾科。主要为害辣（甜）椒、番茄、南瓜、烟草、玉米等。

【为害特点】以幼虫蛀食蕾、花、果，也食害嫩茎、叶和芽，在辣椒田内，幼虫取食嫩叶，3~4龄才蛀入果实，可转果为害，果实被蛀引起腐烂和落果。

【形态特征】与棉铃虫极近似，区别之处：成虫体色较黄，前翅上各线纹清晰，后翅棕黑色宽带中段内侧有一棕黑线，外侧稍内凹。卵稍扁，纵棱一长一短，呈双序式，卵孔明显。幼虫两根前胸侧毛（L_1、L_2）的连线远离前胸气门下端；体表小刺较短。蛹体前段显得粗，气门小而低，很少突起。

烟青虫幼虫（一）

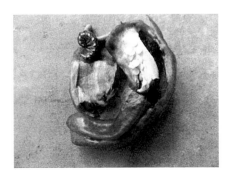

烟青虫幼虫（二）

【防治方法】参见棉铃虫。

三、蚜　虫

　　蚜虫俗称腻虫。属同翅目，蚜科。为害蔬菜的蚜虫主要有桃蚜（烟蚜）、萝卜蚜和瓜蚜。三种蚜虫都是世界性害虫，分布范围极广。为害茄科蔬菜、豆类、甜菜等多种农作物。

　　【为害特点】 蚜虫以刺吸式口器吸食蔬菜汁液。其繁殖力强，又群聚为害，常造成叶片卷缩、变形，植株生长不良。同时蚜虫可传播多种病毒，引起病毒病的发生。

　　【形态特征】 萝卜蚜呈绿色至黑绿色，背有白色蜡质。桃蚜呈黄绿色与红褐色。瓜蚜呈黄色、黑绿色至蓝黑色多种体色，体表有蜡质。

蚜虫为害辣（甜）椒叶片

蚜虫为害辣（甜）椒花蕾

蚜虫为害辣（甜）椒花朵

【防治方法】防治蚜虫宜及早用药，将其控制在点片发生阶段。

（1）农业防治。蔬菜收获后及时清理田间残株败叶，间距过大，铲除杂草。

（2）物理防治。

①利用蚜虫对黄色有较强趋性的原理，在田间设置黄板，上涂机油或其他黏性剂吸引蚜虫并杀灭。

②利用蚜虫对银灰色有负趋性的原理，在田间悬挂或覆盖银灰膜，每亩用膜 5 千克，在大棚周围挂银灰色薄膜条（10～15 厘米宽），每亩用膜 1.5 千克，驱避蚜虫。

③利用银灰色遮阳网、防虫网覆盖栽培。

（3）药剂防治。

①喷粉（保护地）：5%灭蚜粉尘剂，每亩（次）0.8～1.0千克。熏烟（保护地）：傍晚每亩用 80%敌敌畏乳油 0.25 千克加锯末适量点燃（无明火），闭棚至第二天早晨。

②喷雾：可选用 10%吡虫啉可湿性粉剂 2 500～3 000 倍液，或用 10%氯氰菊酯乳油 3 000～4 000 倍液，或用 3%啶虫脒乳油 1 500～2 000 倍液，或用 48%毒死蜱乳油 1 200～1 500倍液。

四、白粉虱

白粉虱俗称小白蛾子。属同翅目，粉虱科。寄主有黄瓜、菜豆、茄子、番茄、辣椒、甘蓝、花椰菜、白菜、油菜、萝卜、莴苣、魔芋、芹菜等各种蔬菜及花卉，农作物等200余种。全国均有发生。

【为害特点】成虫和若虫吸食植物汁液，被害叶片褪绿、变黄、萎蔫，甚至全株枯死。此外，由于其繁殖力强，繁殖速度快，种群数量庞大，群集为害，并分泌大量蜜液，严重污染叶片和果实，往往引起煤污病的发生，使蔬菜失去商品价值。除严重为害番茄、辣椒、茄子、马铃薯等茄科作物外，也严重为害黄瓜、菜豆。

白粉虱为害辣（甜）椒叶片

【形态特征】成虫体长1~1.5毫米，淡黄色。翅面覆盖白蜡粉，两翅合拢时，平覆在腹部上，通常腹部被遮盖，翅脉简单，沿翅外缘有一排小颗粒。卵长约0.2毫米，侧面观长椭圆形，基部有卵柄，柄长0.02毫米，从叶背的气孔插入植物组织中，初产淡绿色，覆有蜡粉，而后渐变褐色，孵化前呈黑色。1龄若虫体长约0.29毫米，长椭圆形，2龄约0.37毫米，

白粉虱为害茄子叶片

3龄约0.51毫米，淡绿色或黄绿色，足和触角退化，紧贴在叶片上营固着生活；4龄若虫又称伪蛹，体长0.7~0.8毫米，椭圆形，初期体扁平，逐渐加厚呈蛋糕状（侧面观），中央略高，黄褐色，体背有长短不齐的蜡丝，体侧有刺。

【防治方法】对白粉虱的防治，应以农业防治为主，加强栽培管理，培育"无虫苗"，合理使用化学农药，积极开展生物防治和物理防治。

（1）农业防治。

①提倡温室第一茬种植白粉虱不喜食的芹菜、蒜苗等较耐低温的作物，减少黄瓜、番茄的种植面积。

②培育"无虫苗"。把苗房和生产温室分开。育苗前彻底熏杀残余的白粉虱，清理杂草和残株，在通风口密封尼龙纱，控制外来虫源。

③生产中打下的枝杈、枯老叶及时处理掉。

（2）生物防治。可人工繁殖释放丽蚜小蜂，在温室第二茬番茄上，当白粉虱成虫在0.5头/株以下时，按15头/株的量释放丽蚜小蜂成蜂，每隔两周放1次，共3次，寄生蜂可在温室内建立种群并能有效控制白粉虱为害。

（3）物理防治。白粉虱对黄色敏感，有强烈趋性，可在温室内设置黄色诱虫板诱杀成虫。在温室或露地开始可以悬挂

3~5片诱虫板，以监测虫口密度，当诱虫板上诱虫量增加时，每亩地悬挂规格为25厘米×30厘米的黄色诱虫板30片，或25厘米×20厘米黄色诱虫板40片，或视情况增加诱虫板数量。悬挂高度以黄色诱虫板下端高于植株顶部15~20厘米为宜，并随着植株的生长随时调整。在保护地内悬挂诱虫板应适当靠近北墙，距北墙1米处诱虫效果较好。当诱虫板上粘的害虫数量较多时，用钢锯条或木竹片及时将虫体刮掉，需及时重涂黏油，可重复使用。黄色诱虫板诱杀可与释放丽蚜小蜂等协调运用。

（4）药剂防治。由于白粉虱世代重叠，在同一时间同一作物上存在各虫态，而当前药剂没有对所有虫态皆有效的种类，所以采用药剂防治法，必须连续几次用药。

①喷雾法：可选用99%矿物油乳油200~300倍液，或用3%啶虫脒乳油1 500~2 000倍液，或用25%吡蚜酮悬浮剂2 500~4 000倍液，或用25%噻虫嗪水分散粒剂2 500~4 000倍液，或用1.8%阿维菌素乳油1 500~3 000倍液，或用1%甲氨基阿维菌素苯甲酸盐乳油2 000倍液，或用2.5%联苯菊酯乳油1 500~3 000倍液。叶片正反两面均匀喷雾。

②熏烟法：可每亩用17%敌敌畏烟剂340~400克，或每亩用3%高效氯氰菊酯烟剂250~350克，或每亩用20%异丙威烟剂200~300克，傍晚点燃闭棚12小时。

此外，由于白粉虱繁殖迅速易于传播，在一个地区范围内采取联防联治，以提高防治效果。

五、烟粉虱

烟粉虱俗称小白蛾。属同翅目，粉虱科。为害番茄、黄瓜、辣（甜）椒等蔬菜及棉花等多种作物。

【为害特点】烟粉虱成虫和若虫通过刺吸式口器吸取植株

烟粉虱为害番茄叶片

汁液，受害叶褪绿萎蔫或枯死。同时，烟粉虱还能传播 30 多种病毒病，其若虫、成虫分泌的蜜露能诱发煤污病等真菌病害，严重时植株表面覆盖一层灰黑色霉层，影响光合作用，影响品质，重则因病毁苗。

【形态特征】　烟粉虱要经过卵、若虫、伪蛹和成虫四个虫态才能完成一个世代，其中 4 龄若虫后期又称为伪蛹。成虫：淡黄色，翅覆盖白色蜡粉，无斑点，两翅合拢时呈屋脊状，通常两翅之间可见到黄色的腹部。雌虫体长 0.91 毫米，雄虫体长 0.85 毫米。卵：卵散产于叶片背面，有光泽，长梨形，有小柄，与叶片垂直，卵柄通过产卵器插入叶片表皮中。卵柄除固定卵外，还有吸收水分的功能。若虫：共分 4 龄，淡绿色至黄色，1 龄若虫有足和触角，初孵若虫有 0.5 天左右爬行期，2~3 龄时足和触角退化至一节，当取食到合适的寄主汁液后，就定居到成虫羽化。

【防治方法】

（1）农业防治。温室或棚室内，在栽培作物前要彻底杀虫，严密把关，选用无虫苗，防止将烟粉虱带入保护地内。结合农事操作，随时去除植株下部衰老叶片，并带出保护地外销毁。在露地，换茬时要做好清洁田园工作，在保护地周围地块应避免种植烟粉虱喜食的作物。注意安排茬口、合理布局：在

烟粉虱为害茄子

温室、大棚内，黄瓜、番茄、茄子、辣椒、菜豆等不要混栽，有条件的可与芹菜、韭菜、蒜、蒜黄等间作套种，以防烟粉虱传播蔓延。

（2）物理防治。烟粉虱对黄色，特别是橙黄色有强烈的趋性，可在温室内设置黄色诱虫板诱杀成虫。每亩地悬挂规格为25厘米×30厘米的黄色诱虫板30片，或25厘米×20厘米黄色诱虫板40片，或视情况增加诱虫板数量。悬挂高度以黄色诱虫板下端高于植株顶部15~20厘米为宜，并随着植株的生长随时调整。

（3）生物防治。在保护地番茄或黄瓜上，作物定植后，即挂黄色诱虫板监测，发现烟粉虱成虫后，每天调查植株叶片，当平均每株有烟粉虱成虫0.5头左右时，即可第1次放蜂，每隔7~10天放蜂1次，连续放3~5次，放蜂量以蜂虫比为3∶1为宜。释放中华草岭、微小花蝽、东亚小花蝽等捕食性天敌对烟粉虱也有一定的控制作用。

（4）药剂防治。

①早期用药：在烟粉虱零星发生时开始喷洒99%矿物油乳油200~300倍液，或用3%啶虫脒乳油1 500~2 000倍液，或用25%吡蚜酮悬浮液2 500~4 000倍液，或用25%噻虫嗪水分散粒剂2 500~4 000倍液，或用24%螺虫乙酯悬浮剂

2 000~3 000倍液，或用50%噻虫胺水分散粒剂7 000~10 000倍液，或用1.8%阿维菌素乳油1 500~3 000倍液，或用2.5%联苯菊酯乳油1 500~3 000倍液，叶片正反两面均匀喷雾。因烟粉虱极易产生抗药性，防治药剂必须交替使用。另外田块周围的杂草要同时喷药，以提高防治效果。

②熏烟法：棚室内发生粉虱，可用背负式或机动发烟器施放烟剂，采用此法要严格掌握用药量，以免产生药害。可每亩用17%敌敌畏烟剂340~400克，或每亩用3%高效氯氰菊酯烟剂250~350克，或每亩用20%异丙威烟剂200~300克，傍晚点燃闭棚12小时。发生盛期可先熏烟后喷雾防治，这样可有效控制烟粉虱。

六、菜 蝽

菜蝽属半翅目，蝽科，又称河北菜蝽、云南菜蝽、斑菜蝽、花菜蝽、姬菜蝽、萝卜赤条蝽。为害甘蓝、花椰菜、白菜、萝卜、油菜、芥菜等十字花科蔬菜，各地均有发生。

【形态特征】

（1）成虫。成虫体长6~9毫米，宽3~5毫米，椭圆形。体橙黄或橙红色。头部黑色，侧缘上卷，橙红色或橙黄色。前胸背板橙红色，有6块黑斑，2个在前，4个在后。小盾板具橙黄或橙红"Y"形纹，交会处缢缩。革片具橙黄或橙红色曲纹，在翅外缘形成2黑斑；膜片黑色，具白边。腹部腹面黄白色，具4纵列黑斑。足黄、黑相间。

（2）卵。杯形，黄褐色，有黑褐色纹。

（3）若虫。末龄若虫全身为褐色，头部黑色，腹背有黑褐色条斑和点斑。

【为害症状】 成虫和若虫刺吸蔬菜汁液，尤喜刺吸嫩芽、嫩茎、嫩叶、花蕾和幼种荚。害虫的唾液对植物组织有破坏作

成虫（一）

成虫（二）

卵

低龄若虫

高龄若虫

用，在被刺处留下黄白色至微黑色斑点。幼苗子叶期受害会引起萎蔫，甚至枯死；花期受害则能引起不能结荚或籽粒不饱满。菜蝽还能传播软腐病。

【防治措施】

（1）农业防治。及时冬耕和清洁田园，成虫出蛰前彻底清除田间杂草、落叶，以消灭部分越冬成虫。发现卵块应及时摘除。

（2）药剂防治。越冬成虫出蛰前及低龄若虫期喷洒1.8%阿维菌素乳油3 000倍液，或用20%增效氯氰菊酯乳油3 000倍液，或用2.5%溴氰菊酯乳油3 000倍液，或用2.5%氯氟氰菊酯乳油3 000倍液，或用50%辛·氰乳油3 000倍液，或用20%甲氰菊酯乳油3 000倍液，或用90%敌百虫晶体800倍液。

七、横纹菜蝽

横纹菜蝽属半翅目蝽科，又称乌鲁木齐菜蝽、盖氏菜蝽。为害十字花科蔬菜等多种作物及杂草。国内分布北、东、西向靠近国境线，南至江苏、安徽、湖北、贵州、云南。

成虫

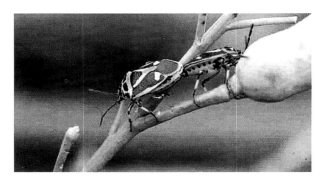

成虫交尾

【形态特征】

（1）成虫。体长 6~9 毫米，宽 3.5~5 毫米，椭圆形，黄色或红色，全体密布刻点。头蓝黑色，前端圆两侧下凹，侧缘上卷，边缘红黄色，复眼前方具 1 红黄色斑。前胸背板上具 6 个蓝黑色斑，前 2 个三角形，后 4 个横长；中央具 1 黄色隆起十字形纹。小盾片蓝黑色，上具"Y"形橘黄色斑，末端两侧各具 1 黑斑。前翅革区末端有 1 个横置黄白斑。

（2）卵。圆柱形，高约 1 毫米，直径 0.7 毫米，初白色，带黑褐色，近孵化时粉红色。

（3）若虫。共 5 龄。末龄若虫体长 5 毫米左右，头、触角、胸部黑色，头部具三角形黄斑，胸背具橘红色斑 3 个。形态似成虫。

【为害症状】 成、若虫在油菜等蔬菜叶片、茎、花上吸食汁液，致被害处呈现黑色坏死斑。

【防治措施】 参见菜蝽。

八、小菜蛾

小菜蛾属鳞翅目菜蛾科，又称菜蛾、方块蛾、小青虫、两头尖，我国各地均有发生，南方受害较北方重。小菜蛾主要为

幼虫

幼虫为害萝卜

害甘蓝、花椰菜、白菜、油菜、萝卜等十字花科蔬菜，偶尔也可为害马铃薯、葱、姜、番茄等，是十字花科蔬菜上最普遍最严重的害虫之一。

成虫侧面观

【形态特征】

（1）成虫。灰褐色小蛾，体长6~7毫米，翅展12~15毫米。雄虫体色较深；前翅灰黑色或赭褐色；雌蛾体色浅，灰褐色，腹部末端圆筒形。成虫前翅缘毛长，停息时两翅覆盖于体背成屋脊状，前翅缘毛翘起，两翅结合处由三度曲波纵带组成的3个连串的斜方块。

（2）卵。椭圆形，稍扁平，一端稍倾斜。大小为 0.5 毫米×0.3 毫米，初产时乳白色，后变为黄绿色，具光泽。

（3）幼虫。共 4 龄，初为深褐色，后变为黄绿色至绿色。末龄幼虫体长约 10 毫米，纺锤形。头部黄褐色，前胸背板上有由淡褐色无毛的小点组成的 2 个 "U" 形纹，体上着生有稀疏的长而黑的刚毛。臀足向后超过腹部末端。

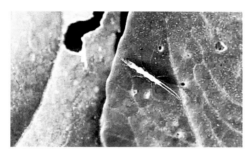

成虫背面观

（4）蛹。长 5~8 毫米，颜色多变，有绿、灰黑、粉红、黄白等色。肛门周缘有钩刺 3 对，腹末有小钩 4 对。蛹外被薄茧。

【为害症状】 1 龄幼虫潜叶钻食叶肉，2 龄幼虫啃食叶肉残留上表皮，成为透明的斑块；3~4 龄幼虫可将菜叶食成孔洞和缺刻，严重时全叶被吃成网状。幼虫常集中为害心叶，影响包心。

【防治措施】

（1）农业防治。避免十字花科蔬菜周年连作。对苗田加强管理，及时防治，避免将虫源带入本田。蔬菜收获后，要及时处理残株落叶，及时翻耕土地。

（2）物理防治。利用趋光性，在成虫发生期，采用频振式杀虫灯或黑光灯，诱杀小菜蛾成虫。

（3）药剂防治。卵孵化盛期至 2 龄前喷药防治，药剂可选用 6% 阿维·氯苯酰悬浮剂 750~1 300 倍液，或用 10% 虫螨

甘蓝受害状

腈悬浮剂 750~1 200 倍液，或用 100 克/升的顺式氯氰菊酯乳油4 000~8 000 倍液，或用 60 克/升是乙基多杀菌素悬浮剂1 000~2 000倍液，或用 2.4%阿维·高氯微乳剂 1 000 倍液，或用 5%丁烯氟虫腈乳油 1 200 倍液，或用 2.5%多杀霉素乳油1 000倍液，或用 5%氟啶脲乳油 1 000倍液，或用 5%印楝素乳油 500 倍液。药剂要轮换使用，以减少小菜蛾抗药性的产生。20%氟苯虫酰胺水分散粒剂 2 500~3 000倍液，16 000IU/毫克苏云金杆菌可湿性粉剂 10~30 倍液，98%杀螟丹可溶粉剂900~1 500倍液。

九、菠菜潜叶蝇

菠菜潜叶蝇，又称黎泉蝇，属双翅目、花蝇科。为害菠菜、甜菜、萝卜等。我国分布于辽宁、内蒙古、河北、山西、河南、青海、西藏等省区。

【形态特征】

（1）成虫。体长 4~6 毫米。雄蝇间额狭于前单眼的宽，无间额鬃，腋瓣下肋无鬃。前缘脉下面有毛。腿节、胫节黄灰色，跗节黑色，后足胫节后鬃 3 根。雌蝇第八腹板中央骨片小，其长度不及第七腹板长的 1/3，后者着生短小而密的毛。

（2）卵。白色，椭圆形。

（3）幼虫。老熟幼虫体长 7.5 毫米，污黄色，有许多皱纹，腹部后端围绕后气门有 7 对肉质突起。

（4）蛹。椭圆形，浅黄褐色到暗褐色。

【为害症状】以幼虫为害，幼虫潜在叶部蛀食叶肉，仅留上下表皮，造成块状隧道。一般在叶端部内有 1～2 头蛆及虫粪，使菠菜失去商品价值及食用价值。

成虫（一）

【防治方法】

（1）农业防治。粪肥要充分腐熟后才能使用。早春及时清除田间、田边杂草。根茬越冬菠菜，一定要在谷雨前全部收完，以减少越冬代成虫产卵。收获后及时清洁田园，深翻土地，可减少下代及越冬的虫源。

（2）物理防治。用糖醋液诱杀成虫。糖 1 份、醋 1 份、水 2.5 份，再加适量美曲膦酯即可。

（3）药剂防治。成虫产卵盛期至孵化初期及时喷药防治，药剂可选用 1.8%阿维菌素乳油 1 500 倍液，或用 2.5%的溴氰菊酯乳油 2 000 倍液，或用 20%的氰戊酯乳油 3 000 倍液，或用

48%毒死蜱乳油 2 000倍液，或用 50%辛硫磷乳油 1 000倍液。
(参照瓜类潜叶蝇)

十、甘薯天蛾

甘薯天蛾，又称旋花天蛾、白薯天蛾、甘薯叶天蛾，属鳞翅目，天蛾科。为害蕹菜、甘薯、牵牛、月光花等旋花科植物以及芋芳、葡萄、楸树、扁豆和赤小豆等。国内各地均有分布。

【形态特征】

（1）成虫。体长 43~52 毫米，翅展 100~120 毫米。体翅暗灰色。胸部背面有两丛鳞毛构成黑褐色"八"字纹，同时围成灰白色钟状纹。腹部背面灰色，两侧各节有白、红、黑色横带 3 条。前翅内、中、外横线各为双条黑褐色波状线，顶角有黑色斜纹，后翅有 4 条黑褐色横带，缘毛白色与暗褐色相杂。雄蛾触角栉齿状，雌蛾触角棍棒状，末端膨大。

成虫（二）

（2）卵。球形，直径约 2 毫米，淡黄绿色，表面光滑。

（3）幼虫。低龄幼虫浅绿色，随着龄期的增加，体色加深。老熟幼虫体长 80～100 毫米，体色有绿色和褐色二型：绿色型幼虫体绿色，头黄绿色，两侧各有一条明显的黑纹，腹部 1～8 节各节的侧面有深褐色斜纹，气门、胸足黑色，尾角杏黄色，端部黑色。褐色型幼虫体背土黄色，杂有粗大黑斑，头黄褐色，中部有倒 Y 状黑色纹，两侧还各有 2 条黑纹。腹部 1～8 节各节侧面有灰白色斜纹，中、后胸及 1～8 腹节背面有许多横皱，形成若干小环。气门、胸足、尾角黑色。

幼虫（一）

（4）蛹。体长约 56 毫米，红褐色。喙长，卷曲呈象鼻状。后胸背面有粗糙刻纹 1 对，腹部前 8 节各节背面近前缘也有刻纹。臀棘三角形，表面有许多颗粒状突起。

【为害症状】 以幼虫为害蕹菜的叶及嫩茎。初孵幼虫在叶背食害成斑痕，1～2 天后食害成小洞，2～3 龄幼虫为害呈缺刻状，4 龄后蚕食寄主的全叶和嫩茎，严重时能把叶吃光，影响蕹菜生长发育。

【防治方法】

（1）农业防治。适时翻耕或进行大水漫灌，可破坏蛹的

幼虫（二）

生活环境，增加蛹的死亡率。

（2）物理防治。幼虫体形大，为害状明显，易于发现，可进行人工捕杀。成虫有很强的趋光性，可以在成虫羽化盛期，设置黑光灯或频振式杀虫灯进行诱杀，减少田间落卵量。

（3）药剂防治。在虫量大时要进行药剂防治，大多数触杀性和胃毒性药剂均可使用。3龄幼虫以前防治效果最佳。药剂可选用40%毒死蜱乳油1 000倍液，或用5%高效氯氰菊酯乳油1 500倍液，或用10%虫螨腈悬浮剂2 000倍液。

十一、莴苣冬夜蛾

莴苣冬夜蛾属鳞翅目夜蛾科，为害莴苣。国内分布在黑龙江、内蒙古、新疆、江西、辽宁、吉林、浙江等省区。

【形态特征】

（1）成虫。成虫体长20毫米左右，翅展46毫米。头部、胸部灰色，颈板近基部生黑横线1条。腹部褐灰色。前翅灰色

幼虫（一）

幼虫（二）

或杂褐色，翅脉黑色；内横线黑色呈深锯齿状；肾纹黑边隐约可见；中横线暗褐色，不清楚；缘线具 1 列黑色长点。后翅黄白色，翅脉明显，端区及横脉纹暗褐色。

　　（2）卵。卵半圆形，有纵棱及横道，乳白色至浅黄色。

　　（3）幼虫。末龄幼虫体长 45 毫米左右，头黑色，头盖缝灰白色。气门线、背线黄色，各体节两侧在两线之间各具近棱形大黑斑 1 个，斑外有浅黄色环，各节间生哑铃状黑斑。腹面黑色，节间也有黑黄相间点块。围气门片、气门筛黑色，气门后具小黑点 1 个。胸足及腹足基部黑色。

（4）蛹。长 23 毫米左右，红褐色，化蛹时作一土茧。

【为害症状】 以幼虫啃食莴苣、生菜的嫩叶及花器。

【防治措施】

（1）农业防治。冬前耕翻土地，杀灭部分越冬蛹。

（2）药剂防治。发生数量少，一般不单独用药防治，必要时可喷洒 50% 辛硫磷乳油 500 倍液，或用 48% 毒死蜱乳油 1 000 倍液，或用 5% 氟啶脲乳油 1 500 倍液。

主要参考文献

冯杰明. 2016. 蔬菜病虫害综合防治实用技术 ［M］. 北京：中国农业出版社.

吕佩珂，苏慧兰，尚春明. 2017. 茄果类蔬菜病虫害诊治原色图鉴 ［M］. 北京：化学工业出版社.

杨军玉，王亚南. 2016. 蔬菜病虫害防治彩色图鉴 ［M］. 北京：金盾出版社.